浙江农民大学农村实用人才培养系列教材

蔬菜设施栽培与病虫害综合防治技术

SHUCAI SHESHI ZAIPEI
YU BINGCHONGHAI ZONGHE FANGZHI JISHU

◎主编　何圣米　王汉荣

中国林业出版社

内容提要

本书分“蔬菜设施栽培”与“设施蔬菜病虫害综合防治”两个部分。“蔬菜设施栽培”部分从设施蔬菜基地建设、设施栽培新技术应用、设施环境变化及其设施环境调控措施方面展开介绍。“设施蔬菜栽培病虫害综合防治”部分介绍了设施栽培蔬菜主要病害的种类与识别、设施栽培蔬菜主要虫害的种类与识别、设施栽培蔬菜主要病虫害的综合防治措施。本书内容通俗易懂，图文并茂，科学实用，操作性较强，可供广大基层农技人员、专业合作社、家庭农场和蔬菜种植农户阅读参考。

图书在版编目（CIP）数据

蔬菜设施栽培与病虫害综合防治技术/何圣米，王汉荣主编. —北京：中国林业出版社，2017.8

ISBN 978-7-5038-9054-3

Ⅰ. ①蔬… Ⅱ. ①何… ②王… Ⅲ. ①蔬菜园艺—设施农业 ②蔬菜—病虫害防治 Ⅳ. ①S626②S436.3

中国版本图书馆CIP数据核字（2017）第132513号

国家林业局生态文明教材及林业高校教材建设项目

中国林业出版社·教育出版分社

策划编辑：杨长峰 唐 杨
责任编辑：高红岩 张 东
电 话：（010）83143557 **传 真：**（010）83143516

出版发行 中国林业出版社（100009 北京市西城区德内大街刘海胡同7号）
E-mail：jiaocaipublic@163.com 电话：（010）83143500
http://lycb.forestry.gov.cn
经 销 新华书店
印 刷 三河市祥达印刷包装有限公司
版 次 2017年8月第1版
印 次 2017年8月第1次印刷
开 本 787mm×1092mm 1/16
印 张 4
字 数 90千字
定 价 14.00元

前　言

蔬菜已经成为城乡居民生活必不可少的重要食品，在人们的日常生活中占据着十分重要的地位。我国蔬菜生产布局已不断优化，并形成了高产高效的优势产区、不同纬度和海拔的季节性产区，蔬菜质量安全水平持续提高。蔬菜产业也已成为我国农村种植业的主导产业之一，已成为农业增效、农民增收的重要支柱产业。设施蔬菜自20世纪90年代以来得到了迅猛发展，极大地推动了蔬菜生产的发展，优化了蔬菜种植结构，丰富了蔬菜产品种类，促进了高效生态农业的发展，保障了蔬菜的有效供给。据统计，2014年我国蔬菜种植面积达到0.2亿多公顷，年产量超过7亿吨，其中设施蔬菜面积达386.2万公顷，占设施总面积的95%以上。随着设施蔬菜生产面积的不断扩大，设施蔬菜栽培种类的增多，设施蔬菜育苗、生产等社会分工越来越精细化，设施蔬菜生产一线的问题也越来越多，技术要求也越来越高。为了满足广大蔬菜从业人员对设施蔬菜栽培、病虫害防治等生产技术的需求，提高广大农民、农业技术人员、蔬菜专业合作社社员与家庭农场业主等设施蔬菜生产技术能力，我们特此编写了《蔬菜设施栽培与病虫害综合防治技术》。通过查阅文献、收集整理、实践总结、多方征求，本着科学、求真、创新的精神，精心编成此书。

本书利用通俗易懂且专业的语言，由浅入深地介绍了蔬菜设施栽培技术、病虫害综合防治技术的基本原理、基本知识和基本理论。本书内容共分为“蔬菜设施栽培”与“设施蔬菜病虫害综合防治”两个部分。“蔬菜设施栽培”部分包括设施蔬菜基地建设、设施栽培新技术应用、设施环境变化及其设施环境调控措施等内容；“设施蔬菜栽培病虫害综合防治”部分包括设施栽培蔬菜主要病害的种类与识别、设施栽培蔬菜主要虫害的种类与识别、设施栽培蔬菜主要病虫害的综合防治措施内容。本书内容注重科学性、实用性和前瞻性，突出了设施蔬菜生产，包括设施园区建设、设施材料应用、设施栽培环境调控、病虫害综合防治等关键技术。希望本书的出版能为广大读者了解当前蔬菜设施栽培技术、病虫害综合防治等关键技术提供方便。

本书的蔬菜设施栽培部分由何圣米、吴爱芳、汪芽芬编写，设施蔬菜病虫害综合防治部分由王汉荣、方丽编写。

本书在编写过程中得到了王连平、谢昀烨等同志的热心帮助和审核，在此一并表示感谢！

由于蔬菜设施栽培技术不断探索、创新与发展是它永恒的主题，加之编写时间仓促和编者水平所限，书中难免有不妥之处，欢迎广大读者批评指正，以便我们在今后的工作中改进并完善。

编　者

2017年2月

目　录

第一章　设施蔬菜基地建设

第一节　排灌系统建设

基地的排灌系统要求排水系统与灌溉系统分开建设，排水采用渠道，灌溉采用管道。

一、排水系统的设计标准与建设要求

1. 排水系统的设计标准

浙江是个多雨水地区，年降水量超过1 500mm，设施蔬菜基地的排水能力直接影响到设施蔬菜栽培的生产安全。要求设施蔬菜基地的排水能力达到日降水量60～100mm的设计标准。

2. 排水系统的建设要求

排水系统由干渠、支渠和毛渠三级排水渠道组成。

毛渠：为棚间的排水沟，要求确保雨水及时排出。

支渠：与毛渠连接，收集毛渠来水的棚头排水沟。一般沟底宽0.5～0.6m，渠道坡降为（800～1 000）∶1；采用矩形或U形断面，用预制混凝土板或U形渠槽铺设。

干渠：与支渠连接，收集支渠来水的主干排水渠道。底宽不小于0.8m，渠道坡降为（1 500～2 000）∶1；采用矩形断面，用预制混凝土板铺设，如图1-1所示。

图1-1　基地干渠结构

二、灌溉系统的建设要求

设施蔬菜栽培的灌溉系统应采用微灌系统，即滴灌与微喷系统。滴灌系统适用于较大株行距的高秆蔬菜（如瓜类、茄果类、豆类等）栽培，微喷系统适用于高密度栽培的矮生蔬菜（如叶菜类、根茎菜类等）栽培。微灌系统的建设应由专业的公司进行设计和施工。

第二节　田间路网建设

基地内的路网由机耕路和生产操作道组成。

1. 机耕路的建设要求

机耕路用于通行拖拉机等耕作机械和农用运输车辆的进出等。一般路面宽3m，转角半径为4m，高于田面0.3m左右。可与渠道相伴而设，要求路基稳固。

2. 生产操作道的建设要求

生产操作道用于生产人员的田间作业、生产资料的下田、小型耕作机械进出、人力运输车辆的进出等。一般路面宽度小于2m，其中硬化路面宽度为1.0～1.5m；也可用水泥预制板铺设。大棚长度超过40m的，其棚的两头要设置出口，并各设置一条生产操作道；大棚长度小于40m的，可在棚的一头开一个出口，在大棚的出口端设置一条生产操作道。

第三节　塑料大棚的设计与建造

一、大棚设施的建设

1. 充分满足设施栽培作物生长发育要求的环境条件

为了满足大棚栽培蔬菜生长发育的要求，大棚设施应保证白天能充分利用太阳光，获得大量光和热，夜间应有良好的密闭保温性。大型连栋大棚或温室应有加温设备，高温时应有通风换气等降温设备，随着作物生长发育阶段的不同和季节天气的变化，能及时调控设施内的小气候，因为夏季的高温、高湿和冬季的低温、弱光，会直接影响作物的生长发育和诱发病虫害。设施的结构应科学合理，环境调控设备应机动灵活、使用方便等。

2. 良好的生产作业条件

大棚设施应适于劳动作业，棚内有足够大的空间，减少或取消立柱，便于生产管理。设施过于高大，会影响通风换气和棚膜管理。

3. 坚固的设施结构

大棚设施在使用的过程中，将承受风、雨、雪和棚内作物生长架、设施维护作业等所产生的荷载作用，所以设施结构必须要保证使用的安全。

4. 大棚薄膜的选用

透明覆盖材料对设施内的光照和温度环境有重要的影响。要求大棚薄膜透光率高、保温性好、抗老化、防雾滴等。

5. 控制建造成本

降低建造成本和运行管理费用，是设施栽培能否取得经济效益的关键。应根据当地的气候条件和经济情况，合理考虑建筑规模和设计标准，选择适用的设施类型和结构、材料及环境调控设备。

二、设施场地的选择

由于大棚设施的使用期长，一次性投入大，运行费用与管理费用等都远远高于露地生产，因此，在建造大棚设施前，需要对设施建造与设施栽培的各个环节进行周密的规划。

1. 地形要求

选择地势平坦、开阔、排灌方便、光照条件好的场地或者朝南向、东南向、西南向的缓坡。平坦地块和南向缓坡地块可使设施获得充足的光照，同时，便于平整土地和排水。山坡地块在建造大棚设施时还应避开风口，以确保大棚的保温效果。在建造大型连栋大棚或玻璃温室时，要进行地质调查和勘探，分析地基土壤的构成、下沉情况和承载力等，确保温室安全。

2. 土壤条件

对于开展大棚设施栽培的土壤，应选择土壤疏松、有机质含量高、无盐渍化和不受其他污染源影响的地块。土质以壤土或砂壤土为好。

3. 场地周边环境及配套条件

应避开在场地周边有大的工矿企业，以免造成空气、灌溉水源、土壤受到污染。要求交通便捷，利于生产资料的运入和产品的运出；但要远离交通主干道，以防灰尘和空气的污染。在电力保障条件方面，要确保生产用电。水源和水质也是基地选址必须考虑的因素，要求水源丰富，水质无污染，pH 呈中性或微酸性；地下水位低，排水良好。

三、大棚设施建设的注意事项

1. 大棚设施的方位

大棚设施的方位是指设施的屋脊走向，大棚设施的方位直接影响设施内的光热环境。塑料大棚的方位以南北延长走向，其光照分布是上午东面受光好，下午西面受光好，全棚受光比较均匀，局部温差也较小；如果是东西延长走向的塑料大棚，则南面受光量高，北面受光量低，受光很不均匀，不适宜种植高秆作物。

2. 大棚设施的间距

大棚设施间距的确定，首先应考虑互不影响光照和确保棚内空气的交换顺畅，其次才是大棚管理的操作通道和排水沟。因此，大棚设施的间距应根据大棚的高度和大棚空间大小而定，一般6m宽、2.5m高的普通大棚，棚间距以1.0～1.2m为宜；8m宽、3.2m高的有大跨度单栋大棚，棚间距以1.5m左右为宜，如图1-2所示。

图1-2　棚间距（左边正常，右边间距太小）

3. 大棚设施的稳固性

对大棚安全威胁最大的首先是风力，一是风力直接对大棚施加的压力大，造成大棚的损坏；二是外界空气以很快的速度涌入大棚内，产生对大棚薄膜的举力，造成大棚的损坏。其次是积雪对大棚施加的压力大，造成大棚的损坏。目前，厂家设计的大棚设施的抗风能力为10级，抗积雪能力为15cm。有些基地在建造大棚设施时为减少投资，减少大棚结构材料，造成大棚设施抗压能力的大幅度下降。为了提高大棚的稳固性，要求在大棚建造时，必须对各种杆件的连接点和节点加以固定，使骨架各杆件的连接构成保持在几何形状上的稳定。另外，大棚的损坏往往由于基础松动引起，所以插入泥土部分必须牢固，不能因被风吹而松动，大棚的压膜线不能直接固定在拱杆上，必须固定在地桩上；必要时对入土部分的拱杆和压膜线地桩用混凝土浇筑加固，如图1-3所示；也可在大棚上部设置生长架的结构，以增加大棚整体的稳固性，如图1-4所示。

图1-3　混凝土浇注加固拱杆

图1-4　水平拉杆和V形支撑的生长架

4. 大棚材料的使用寿命

对于竹木结构大棚，埋入泥土部分材料要进行防腐处理，可用沥青煮浸法进行处理。对于钢管结构大棚，要选用热镀锌钢管及配件，热镀锌钢管是将加工好的钢管（黑管）进行整体镀锌，整个管体没有外露，在使用的过程中钢管不容易生锈，一般热镀锌钢管大棚可使用15年左右。如果为了节省投资，选择低价的卷壁管（冷镀锌管）或非热镀锌钢管，这些材料很容易被腐蚀，一般只能使用4～5年。卷壁管或非热镀锌钢管是由镀锌板材加工成的钢管，钢管的内壁有焊接的接缝，管口有切口，在使用的过程中钢管的切口和管壁的接缝容易生锈和被腐蚀，很容易辨别，如图1-5和图1-6所示。

图1-5 冷镀锌钢管

图1-6 热镀锌钢管

第四节 设施的类型、结构与应用

人类为了满足自身生产和生活的需要，自古以来一直在努力地利用和改造自然。随着工农业科学技术的进步，尤其是农用塑料薄膜的出现，创造了小拱棚、中拱棚、大棚及温室，作物栽培环境得到了很大改善。浙江省在生产上应用的设施类型有玻璃温室、连栋大棚、单栋大棚和小拱棚。

一、小拱棚的结构、性能与应用

1. 小拱棚的结构

小拱棚一般以毛竹片为支撑架，采用普通透明薄膜（或地膜）为覆盖材料，薄膜四周用泥土压严实，进行封闭式的覆盖保温，当温度升高后在两头通风降温。一般棚宽1.5～2.0m，大棚内用于保温的小拱棚也有3.0m宽；一般棚高在1.0～1.5m，管理人员只能在棚外进行生产操作。

2. 小拱棚的性能

（1）光照。小拱棚的透光性能比较好，据原北京农业大学（现中国农业大学）园艺系测定，覆盖初期棚膜在无水滴和无污染的条件下透光率达76.1%，而在有水滴条件下为55.4%，在被污染条件下为60%，可见薄膜附着水滴或被污染后，其透光率会大大降低。

（2）温度。小拱棚覆盖气温的增温速度较快，最大增温能力可达20℃左右，但降温速度也快，在阴天或夜间没有其他保温措施时，棚内外温差仅为1～3℃，遇寒潮时易发生冻害。

3. 小拱棚的应用

小拱棚主要应用于短期的临时性薄膜覆盖保温栽培，设施结构简易、材料成本低廉、操作简便，在蔬菜生产上得到了广泛应用。

（1）耐寒蔬菜的越冬栽培，如芹菜、大蒜、香菜、菠菜等。

（2）早春提早种植的短期保温蔬菜，如茄果类和瓜类的早春露地栽培、矮生豆类、春萝卜、春马铃薯等。

（3）早春露地栽培蔬菜及西甜瓜等的保温育苗。由于小拱棚的保温效果相对有限，生产上广泛采用“大棚+小拱棚”的方式增加保温效果。

二、单栋塑料薄膜大棚的结构、性能与应用

1. 单栋塑料薄膜大棚的结构

单栋大棚有竹木结构和钢架结构两种。有些基地为了减少投资成本，也有钢竹混合结构。

（1）竹木结构的塑料薄膜大棚。一般棚宽为4.5～6.0m，棚高为2.0～2.5m，肩高为1.2m左右，棚长根据地形而定；由拱杆、立柱、横梁组成。中立柱和顶梁材料为毛竹或木头，中立柱间距为3.0～4.0m，6.0m以上宽度的竹木结构大棚还要设置边立柱；大棚拱杆为8～10cm宽的毛竹片，拱杆间距约50cm。竹木结构大棚一次性投入成本较低，深受广大散户农民的欢迎，广泛应用于果菜类蔬菜瓜果的保温栽培。

（2）钢架（热镀锌钢管）结构的单栋塑料薄膜大棚。钢架结构的单栋塑料薄膜大棚主要由拱杆、拉杆、斜撑、卡槽、门、棚头立柱及其他配件组成。钢架单栋大棚的特点是连接卡具少，通用性和交互性好，安装、拆卸方便，主要零部件采用热镀锌或喷涂处理，使用寿命长达15年以上；坚固耐用，中间无立柱，利用空间大，有利于作物的生长发育和田间管理作业；具有较强的抗风和抗雪能力；但一次性投资较大。目前，生产上推广的单栋装配式塑料薄膜大棚主要有两种规格，即6.0m宽和8.0m宽钢管大棚；大棚长度可根据地形确定，但一般不超过50m。具体参数如表1-1所示。

表1-1　单栋镀锌钢管装配式塑料薄膜大棚参数

棚宽/m	顶高/m	肩高/m	钢管直径/mm	管壁厚/mm	拱间距/cm	抗荷能力
8	3.2	1.8	25～28	1.5	65	风载24.5m/s（10级），雪载23.8kg/m²（15㎝积雪）
6	2.5	1.3	22	1.2	60	

热镀锌钢管装配式塑料薄膜大棚是目前浙江省在蔬菜生产上重点推广的设施类型。

2. 连栋塑料薄膜大棚的结构

连栋塑料薄膜大棚也有竹木结构和钢架结构两种。

（1）竹木结构的连栋塑料薄膜大棚主要在温州的瑞安、苍南等地大面积推广，主要应用于番茄、茄子大棚越冬栽培。

（2）钢架结构的连栋塑料大棚投入较大，一般只在上规模的基地中有少量建设，主要应用于蔬菜育苗和观光农业的生产。

3. 塑料薄膜大棚的应用

（1）蔬菜育苗。蔬菜育苗要求在大棚内进行。用于早春栽培的果菜类蔬菜育苗需在大棚内设置多层覆盖（如加保温幕、小拱棚，小拱棚薄膜上再加防寒保温材料如稻草苫、无纺布等）或内加电热温床等保温措施。

（2）蔬菜保温栽培。目前，大棚栽培主要有春季早熟栽培（大棚薄膜覆盖时间为1月至7月中旬）、秋季延后栽培（大棚薄膜覆盖时间为8月中旬至12月下旬）和冬季温暖地区的长季节栽培（大棚薄膜覆盖时间为10月至翌年6月）。

（3）蔬菜避雨栽培。浙江省每年的5～6月“梅雨”季节雨水多，露天栽培由于受雨水的影响，病虫害多发，蔬菜生长影响很大，甚至绝收。避雨栽培就是在大棚棚架上覆盖塑料薄膜，大棚四周不围“裙膜”，起到挡雨的作用，棚内外温度相近。近年来，避雨栽培在高山蔬菜生产上得到广泛应用，成效显著。

（4）遮阳降温栽培。在7～9月的高温季节，在大棚棚架顶部覆盖的黑色或银灰色遮阳网，起遮光降温作用，使冬季生产的耐低温蔬菜在夏秋高温季节生产，实现反季节生产，如芹菜、莴苣、生菜、芫荽等。

（5）防虫网覆盖栽培。在5～10月害虫高发季节，利用大棚棚架覆盖防虫网，栽培叶菜、豇豆等易受害虫为害的蔬菜，避免害虫的为害，减少或避免农药的使用，实现蔬菜的安全生产。目前，大棚防虫网覆盖栽培在城郊及蔬菜保障基地广泛应用。

第二章　蔬菜设施栽培新材料与新技术的应用

第一节　设施栽培覆盖材料的性能与应用

一、大棚薄膜的种类、特性与应用

目前，生产上应用的大棚薄膜主要有功能性聚乙烯（PE）薄膜和乙烯-醋酸乙烯（EVA）多功能复合膜。

1. 功能性聚乙烯（PE）薄膜

它包括聚乙烯长寿无滴膜、聚乙烯多功能复合膜和薄型多功能聚乙烯膜三种。

聚乙烯长寿无滴膜：是目前生产上最常用的多功能薄膜。在聚乙烯树脂中添加的防老化和防雾滴助剂，延长了薄膜的使用寿命，并因薄膜具有流滴性，提高了透光率。该薄膜的厚度一般为0.08～0.12mm，无滴期2～5个月不等，使用寿命12～18个月，透光率在80%～90%。

聚乙烯多功能复合膜：采用三层共挤设备将具有不同功能的助剂（防老化剂、防雾滴剂、保温剂）分层加入制备而成。一般将防老化剂相对集中于外层（与棚外空气接触），使其具有防老化性能，延长薄膜的使用寿命；防雾滴剂相对集中于内层（与棚内空气接触），使其具有流滴性，提高薄膜的透光率；保温剂相对集中于中层，抑制棚内热辐射流失，使其具有保温性。添加的保温剂还具有阻隔红外线的能力。这种薄膜的厚度在0.08～0.12mm，无滴期3～4个月，使用寿命12～18个月，透光率在80%左右，散射光的比例占棚内总光量的50%左右，使得棚内光照更加均匀；该薄膜还添加了特定的紫外线阻隔剂，可以抑制灰霉病、菌核病的发生和蔓延。

薄型多功能聚乙烯膜：其厚度为0.05mm。在聚乙烯树脂中加入光氧化和热氧化稳定剂，可提高薄膜的耐老化性能；加入红外线阻隔剂，可提高薄膜的保温性；加入紫外线阻隔剂，可以抑制病害的发生和蔓延。它的透光率为82%～85%，棚内散射光的比例高达54%，有利于提高整株作物的光合效率，促进生长和提高产量。

2. 乙烯-醋酸乙烯多功能复合膜

乙烯-醋酸乙烯多功能复合膜是以乙烯-醋酸乙烯共聚物（EVA）树脂为主体的三层复合功能性薄膜。其厚度为0.10～0.12mm。EVA膜具有良好的透光性，其初始透光率达92%，高于PE膜的89%；对红外线的阻隔率为50%，高于PE膜的20%，提高了薄膜的耐老化性和防病效果；EVA膜流滴持效期长，又有良好的抗静电性能，表面防尘效果好，透光率的衰减较缓慢。EVA膜的各项强度指标均高于PE膜，耐冲击，不易开裂，使用寿命为12～18个月。EVA多功能复合膜的中层和内层添加了保温剂，提高了红外线的阻隔率，保温性能得到了提高，一般夜间比PE膜高1.0～1.5℃，白天比PE膜高2.0～3.0℃。其防雾性能好，可减少棚内的雾气，无滴持效期超过8个月。

综上可知，EVA多功能复合膜在耐候性、初始透光率、透光率衰减、无滴持效期、保温性能等方面均优于PE膜，所以EVA多功能复合膜是替代PE膜的理想覆盖材料。大棚薄膜的覆盖采用“一棚三膜”法，即顶膜+两边的裙膜。顶膜必须采用大棚专用膜，一般6m宽大棚的棚顶膜宽幅为7.5～8.0m，8m宽大棚的棚顶膜宽幅为10.5～11.0m；裙膜可用普通农膜。

二、地膜的种类、特性与应用

地膜覆盖技术是1978年从日本引进的。由于该项技术可提高土壤温度，保持土壤水分，改善土壤物理性状和养分供应，改善作物近地面的光照状况，促进作物根系生长，增强根系的吸收能力，增加叶面积指数，促进作物的光合作用，从而增加产量，提高品质，使作物的适宜种植区域扩大、种植季节延伸，并提高复种指数以及防除杂草、节水抗旱等，因此，该项技术一经引进，便迅速发展。目前，我国已经成为地膜覆盖面积最大的国家。

1. 地膜的种类与特性

目前，我国自主生产的地膜品种比较齐全，主要有普通地膜、有色地膜、功能性地膜和可降解地膜。

（1）普通地膜。普通地膜即无色透明地膜，由于其透光性好，覆盖后可使地温提高2～4℃，促进根系早发，是目前在蔬菜早熟栽培生产中应用最广泛的地膜，主要有高压膜和高密度膜。

高压低密度聚乙烯（LDPE）地膜，简称高压膜、普通地膜。该膜透光性好，地温增温快，容易与土壤黏着；厚度为0.014mm±0.003mm，每亩[①]用量为8～10kg。

低压高密度聚乙烯（HDPE）地膜，简称高密度膜、超薄地膜。该膜强度高，光滑，但柔软性差，不易黏着土壤，不适合在沙土地覆盖，透光性与耐候性稍差。其厚度为0.006～0.008mm，每亩用量为4～5kg。

（2）有色地膜。在聚乙烯树脂中加入有色物质，制成具有不同颜色的地膜，如黑色地膜、绿色地膜、银灰色地膜、乳白色地膜等。由于有色地膜具有不同的光学特性，对太阳辐射光谱的透射、反射和吸收性能不同，因而对杂草、病虫害、地温变化、近地面光照等产生影响，进而对作物生长产生不同的影响。

黑色地膜：透光率仅为10%，起除草作用，应用于杂草多的地区，可节省除草成本。黑色地膜对太阳光有较强的吸收作用，地膜自身增温快，但因热量不易下传而抑制土壤增温，仅使土壤表层温度提高2.0℃左右。由于其较厚，灭草和保湿效果稳定可靠。其厚度为0.01～0.03mm，每亩用量为7～12kg。

---

①1亩=0.067hm^2。

银灰色地膜:又称防蚜虫地膜。银灰色地膜对紫外线的反射率较高,因而具有驱避蚜虫、烟粉虱、黄条跳甲、象甲和黄守瓜等害虫,减轻作物因蚜虫、烟粉虱传毒的病毒病发病的作用。银灰色地膜还具有抑制杂草生长和保持土壤湿度的作用。银灰色地膜的厚度为0.015~0.02mm,每亩用量为10kg左右。

白黑双面地膜、银黑双面地膜:这两种地膜对太阳光的反射率高,可改善作物植株下部及行间的光照条件。由于其具有的不透光性,对土壤温度有降温作用,适用于高温季节,同时也起到很好的除草、保湿作用;由于其对紫外线的反射较强,还有很好的避蚜防病作用。使用时黑色面朝下。

2. 地膜的覆盖方式

(1)高畦地膜覆盖栽培。高畦地膜覆盖栽培是目前蔬菜地膜栽培中应用最为广泛的覆盖方式。畦高10~30cm,主要依据土质、地势、灌溉条件、气候等条件确定畦高,如沙性土及干旱的区域,地势高,较干燥,灌溉条件较差,畦宜低些;黏土及多雨湿润区域,灌溉条件较好,畦宜高些。高畦的畦背宽80~100cm,略呈龟背形,畦底宽100~120cm,可覆盖120~150cm幅宽的地膜。

高畦地膜覆盖应用最多的是茄果类、瓜类、豆类、甘蓝类蔬菜的早熟栽培,如诸暨市的草莓地膜覆盖就采用这种方式。要求施足基肥,深翻细耙,按规格做畦后,稍加拍打畦面,使畦面平整。可先覆盖地膜后定植,也可以先定植后盖地膜。

(2)平畦地膜覆盖栽培。平畦地膜覆盖栽培要求畦面宽80~100cm,畦埂宽20cm,高8~10cm,多在盐碱地或干旱地区采用。其特点是可直接在畦面上灌水,容易浇透,并能通过畦埂蒸发,使土壤中的盐分向畦埂运动,有利于盐碱地蔬菜的保苗和抗旱。但增温效果较差。平畦地膜覆盖栽培,适用于葱蒜类等浅根性蔬菜栽培,可先铺地膜后种植,也可以先栽菜后盖地膜。

(3)高畦地膜小拱棚覆盖栽培。高畦地膜小拱棚覆盖栽培要求畦高10~20cm,畦宽100~110cm,畦背宽60cm,用小竹竿或竹片插成30~50cm、宽70cm左右的小拱棚,覆盖地膜。这种方式可以同时覆盖天膜、地膜,也可以先盖天膜后铺地膜,或先铺地膜后盖天膜。如芋艿和马铃薯地膜栽培,一般先用地膜覆盖地面,随着幼芽的生长,可将地膜用小竹竿或竹片撑起成小拱棚覆盖,一方面可以防止幼苗日灼,另一方面可以继续发挥地膜的保温作用;也可破膜直接将幼芽引出膜外,使地膜继续覆盖地面。

3. 地膜的应用范围

地膜的应用范围主要表现在提高温度、改善光照条件、保水保墒、防止肥土流失、抑制盐碱害和减轻病虫草害等方面。

(1)提高温度。露地栽培,由于地面裸露,表土吸收的太阳辐射能,有90%左右随土壤水分汽化蒸发,其余的分别以传导和对流等方式交换到空气中,只有很少一部分储存到土壤中,所以春季地温回升缓慢。地膜覆盖减少了地面的蒸发、对流和散热,土温显著提高。

(2)改善光照条件。覆盖透明地膜,由于地膜和其内表面水滴的反射作用,可使近地面的反射和散射光强度增加50%~70%,晴天更为明显。光照条件的改善,有利于促进光合作用,加速蔬菜生长。

(3)保水保墒。覆盖地膜,一方面可促进深层土壤毛细管水分向上运动,另一方面由于地膜在土壤和空气间构成一个密闭的冷暖界面,可使汽化了的土壤水分在地膜下表面凝结成水滴再被土壤吸收;土壤水分在膜下形成循环,大大减少了地面蒸发,使深层土壤水分在上层积累,所以产生了明显的保水保墒作用。

(4)防止肥土流失。覆盖地膜能有效地防止由于地表径流和地下径流造成的肥土流失,并能使土壤反硝化细菌造成的铵态氮挥发损失量减少90%左右,从而提高土壤中肥料的利用率。

(5)抑制盐碱害。盐碱性的菜地,往往因地表蒸发,使土壤中的盐分随水分上升,并滞留在地表和浅层中,严重影响蔬菜生长。地膜覆盖,不仅抑制了地面蒸发,阻止了土壤深层盐分的上升,而且还在土壤水分内循环的作用下产生淋溶,使土壤耕作层的含盐量得到有效的控制。因此,地膜覆盖是盐碱地蔬菜高产稳产的技术措施。

(6)优化土壤理化性状。地膜覆盖,能防止土壤因雨水冲刷而板结,使土壤容重减轻,空隙度增加,固、气、液相比例适宜,水、肥、气、热协调;能保持膜下的土壤疏松、透气,有利于蔬菜根系生长,增强根系的吸收能力。

(7)减轻病虫草害。一是避免了雨水冲刷和地面径流,对各种土传病害和风雨传播的病害,以及部分害虫有显著的防效。二是减少地面蒸发,降低设施内空气湿度,对多种侵染性病害有抑制作用。三是综合改善环境条件的生态效应,使蔬菜生长健壮,抗病能力加强。四是功能性地膜可以起到防虫、除草的作用。如银灰色地膜有强烈的避蚜作用;银黑双色地膜既避蚜又除草;化学除草地膜则可以使附着的水滴溶解除草剂,并渗入土层,杀死刚萌芽的杂草等。

三、保温材料——无纺布

无纺布也叫不织布。根据纤维长短,无纺布可分为长纤维无纺布和短纤维无纺布。短纤维无纺布的强度差,不宜在大棚栽培生产上应用。根据每平方米的重量,无纺布又可分为薄型无纺布和厚型无纺布。

1. 薄型无纺布的规格、性能与应用

(1)薄型无纺布的规格与性能。薄型无纺布一般是指每平方米15~60g重的无纺布。无纺布的重量与厚度成正比,厚度越厚,透光率就越低。10~20g/m^{2}的薄型无纺布透光率高达80%~85%,而30~50g/m^{2}的薄型无纺布透光率仅为60%~70%,60g/m^{2}的薄型无纺布透光率在50%以下。

无纺布的基础母料是聚酯,聚酯对热辐射有较强的吸收作用。无纺布纤维的间隙常常会挂上一层水膜,可抑制在其覆盖下作物和土壤的热辐射,减弱冷空气的渗透,所以无纺布具有保温性。无纺布有很多微孔,具有透气性,有利于减轻病害。

无纺布除了遮阳调光、保温防湿外,还具有质量轻,操作简便,受污染后可用水清洗,燃烧时无毒气释放,不易黏合,易保管,耐腐蚀和不易变形等性能。薄型无纺布的使用寿命一般为3~4年。

(2)薄型无纺布的应用。薄型无纺布在蔬菜生产上主要用于浮面覆盖和棚室内的保温幕帘。

浮面覆盖栽培:选用15~20g/m²的薄型无纺布直接覆盖在露天栽培的蔬菜上,可以起到增温、防霜冻、促进蔬菜早熟、增产的作用,也可以在大棚内直接覆盖在苗床上,保温保墒,促进种子萌发、齐苗。

用作棚室内的保温幕帘:一般在连栋大棚或玻璃温室四周用作保温幕帘,可以使棚室内气温提高2~3℃,节省加热能源。由于无纺布透气性好,因此不会因多重覆盖而增加棚内空气湿度。

2. 厚型无纺布的应用

用于蔬菜设施栽培的厚型无纺布的规格为90~100g/m²或以上,主要应用于大棚内多层覆盖的保温材料。厚型无纺布的强度与其纤维的组成配比有关,如涤(30%)/麻(70%)的强度优于涤(30%)/棉(70%)。据江苏省农业科学研究院蔬菜研究所的试验,在大棚内以单层100g/m²厚型无纺布覆盖小拱棚与草帘覆盖小拱棚相比较,8:00的气温、最低气温和地温分别低0.3℃、0.6℃和0.5℃。用旧薄膜包裹单层100g/m²厚型无纺布覆盖小拱棚与草帘覆盖小拱棚相比较,8:00的气温和最低气温分别高1.2℃和0.9℃。由于无纺布具有透气性,单独使用保温效果并不理想,如果与薄膜结合使用,能够发挥其卓越的保温效果,如图2-1所示。

图2-1　无纺布保温

四、遮阳网的规格、性能与应用

遮阳网是塑料遮阳网的简称,又称寒冷纱、凉爽纱等。其产品主要是用聚烯烃树脂做原料,并加入防老化剂和各种色料,熔化后经拉丝编织成的一种轻量化、高强度、耐老化的新型网状农用塑料覆盖材料。夏秋高温季节利用遮阳网可防强光、高温、暴雨,是克服夏秋季节蔬菜淡季反季节生产(图2-2)和培育秋菜壮苗的重要技术措施。

图 2-2 芹菜遮阳网覆盖反季节生产

1. 塑料遮阳网的型号、规格及性能

遮阳网的颜色有黑色、银灰色、白色、浅绿色、蓝色、黄色及黑色与银灰色相间等。生产上应用较多的是黑色网和银灰色网。

(1)塑料遮阳网的型号。塑料遮阳网的型号以纬经每25mm编丝根数为依据,可分为5种,即8根网、10根网、12根网、14根网和16根网。厂家为方便起见,将产品定为以下5种型号:SZW-8、SZW-10、SZW-12、SZW-14和SZW-16。

(2)塑料遮阳网的规格。塑料遮阳网根据幅宽有多种规格,主要有90cm、150cm、160cm、200cm、220cm、250cm、300cm和400cm等。

(3)塑料遮阳网的性能。塑料遮阳网的编丝根数越多,遮光率越大,纬向拉伸强度也越强,但经向拉伸强度差别不大。编丝的质量、厚薄、颜色等也会影响透光率。选购遮阳网时要按作物的需光特性、栽培季节、气候状况决定。一般黑色网的遮光降温效果比银灰色网好些,适宜伏天酷暑季节和对光照强度要求较低、病毒病较轻的蔬菜覆盖。银灰色网的透光性好,有避蚜虫和预防病毒病危害的作用,适用于初夏、早秋季节和对光照强度要求较高的蔬菜覆盖。不同规格的遮阳网覆盖后的遮光降温效果也有差异。当需要将窄幅网拼接使用时,应用尼龙线缝合,切勿用棉线或市售包扎塑料绳,以防止使用过程中因老化而断裂。

生产上应用最多的有SZW-12、SZW-14两种型号的遮阳网,其每平方米的重量分别为45g±3g和49g±3g,规格以幅宽160~250cm为宜,使用寿命一般为3~5年。遮阳网的主要性能指标见表2-1。

表2-1　遮阳网的主要性能指标

型　号	遮光率		机械强度 50mm宽的拉伸强度/N	
	黑色网	银灰色网	经向 （含一个密区）	纬向
SZW-8	20～30	20～25	≥250	≥250
SZW-10	25～45	25～45	≥250	≥300
SZW-12	35～55	35～45	≥250	≥350
SZW-14	45～65	40～55	≥250	≥450
SZW-16	55～75	55～70	≥250	≥500

2. 遮阳网在蔬菜生产上的效应

（1）遮光降温。夏秋季节烈日高温，覆盖遮阳网可遮蔽强光，防止高温危害，为作物生长发育提供良好的环境条件。遮阳网的型号不同，其遮光率不同，在20%～75%之间，以黑色遮光率最高，应用时可根据不同季节和不同蔬菜选用。遮阳网在夏秋高温季节使用的降温作用十分明显，露地温度越高，降温幅度越大。

（2）抗风防暴雨。遮阳网通透性好，机械强度较高。夏秋季节遭受大风时，只要固定好，一般不容易被吹坏，能对蔬菜起保护作用。遇降暴雨，大雨点经遮阳网阻拦后变成分散的小雨点落入网内，避免了暴雨对蔬菜和地表的直接冲刷，降低暴风雨对蔬菜造成的机械损伤、泥沙污染及土壤板结对蔬菜的危害。

（3）保湿防旱。覆盖遮阳网，减缓了风速，降低了蔬菜的叶面蒸腾，减少了土壤水分的蒸发，有利于保湿防旱。因此，遮阳网除大量用于夏秋季节蔬菜栽培，还在秋菜育苗中发挥重要的作用。如培育甘蓝、花菜、青花菜、芥菜、芹菜、莴苣、番茄、茄子、辣椒、黄瓜、蒲子、南瓜等幼苗，以提高出苗率，保证全苗、壮苗。

（4）保温防寒。遮阳网有一定的保温作用，冬季可代替草片，用于育苗和越冬菜栽培的保温。如大棚内覆盖、露地浮面覆盖等，可以防霜、防寒、防冻，有利于实现冬季蔬菜稳产优质。

（5）避虫防病。用银灰色网覆盖，可以避免蚜虫，减少病毒病；采用封闭式全天覆盖，可以防止菜粉蝶、小菜蛾、斜纹夜蛾等多种害虫在蔬菜上产卵，使虫害减轻；同时，全封闭式覆盖还可以防鸟害，从而改善蔬菜的生长环境。

3. 遮阳网覆盖栽培的方式

（1）温室覆盖。用顶盖法，在温室的玻璃屋面上覆盖遮阳网；用平盖法，在室内平挂遮阳网，多用于夏菜的延后栽培。例如，温室栽培的茄果类、瓜类、豆类蔬菜，在高温来临时覆盖黑色或银灰色遮阳网可防止植株早衰，延长开花结果期，提高产量，增进果实品质。甘蓝、花菜、芹菜、莴苣、芥菜等秋菜需夏播育苗时，利用遮阳网覆盖，可以提高成苗率和秧苗素质。

（2）大棚覆盖。夏季利用大棚骨架或在棚膜上覆盖遮阳网，围膜以下不盖，以利于通风和透光，即大棚顶部覆盖遮阳网。棚膜与遮阳网并用，降温、避雨效果更好。也可以用平盖法，将遮阳网平挂在大棚内距地面1.2～1.4m处，既有利于通风，又不必每天揭盖，可用于大棚夏菜的延后栽培及秋菜育苗，也可用于伏天小白菜、菜心、生菜、早大白菜、伏萝卜、伏芹、秋莴苣、秋黄瓜、秋蒲子、秋茄子、秋辣椒等生产。

对于连栋大棚，厂家在设计时，一般都根据实际需要，配套外遮阳或内遮阳设施，并附加电动或手动装置，使用时只要开启、关闭遮阳开关或转动手摇装置，就可以铺开或收拢遮阳网。

（3）中、小拱棚覆盖。早春在中、小棚上加盖遮阳网，可提早定植夏菜。夏秋季节利用中、小拱棚骨架做支架覆盖遮阳网，可以培育秋菜苗、栽培绿叶蔬菜或在棚内提前定植秋菜。

（4）小平棚覆盖。利用竹竿、木棍、铁丝等材料，在畦面上搭成平面或倾斜的棚架，在棚架上面盖遮阳网。棚架宽约1.5m，高0.5～1.8m，低棚便于揭盖遮阳网，高棚便于在棚内操作，倾斜棚则兼有两者的优点。小平棚上覆盖遮阳网主要用于夏季绿叶蔬菜栽培或育苗。

（5）遮阳网浮面覆盖。遮阳网浮面覆盖又叫直接覆盖、飘浮覆盖或畦面覆盖，是将遮阳网直接覆盖在畦面或植株上面的栽培方式。浮面覆盖可以在露地、中小棚或大棚中进行，主要用于蔬菜出苗期覆盖。如夏季栽培绿叶蔬菜，播种后用遮阳网覆盖畦面，隔一定距离将网压住，以防风吹，可遮光、降温、保湿，促进出苗、齐苗。出苗后将遮阳网揭除，就地用竹片搭成小拱棚或小平棚，将遮阳网移到棚架上。此外，在越冬蔬菜及春甘蓝、春花椰菜、春大白菜等早春定植至还苗期，采用遮阳网浮面覆盖，可以起到防霜冻、保温、改善品质、提高产量的效果。

（6）食用菌栽培覆盖。利用高遮光的黑色遮阳网覆盖于棚室上，夏季降温保湿，秋季保暖保湿，可以用于平菇、草菇、香菇等食用菌的生产。

4. 遮阳网覆盖的注意事项

遮阳网覆盖栽培用途越来越广，但在使用时必须注意科学的方法，才能产生良好的效果。

（1）科学选网。不同规格、不同颜色的遮阳网，遮光的程度不同；不同种类的蔬菜，光合作用的适宜光照强度不同，所需覆盖的时间长短也有差别，所以应根据蔬菜种类和覆盖期间的光照强度要求，针对性地选择适宜的遮阳网。盛夏及早秋季节，日光强度较大，叶菜类可选择遮光率较大的黑色网；茄果类、瓜类为防蚜虫传染病毒病，宜选择银灰色网覆盖。

（2）覆盖方式要因地制宜。遮阳网的覆盖方式多样，实际应用时，应本着简便易行、降低成本、有利于作物生长为原则。如浮面覆盖可节省架材，而温室、大棚、中棚、小棚等保护地设施通过覆盖遮阳网，一年可多生产1～2茬生长期短的绿叶蔬菜，或进行育苗，以提高设施的利用率，增加产量和效益。

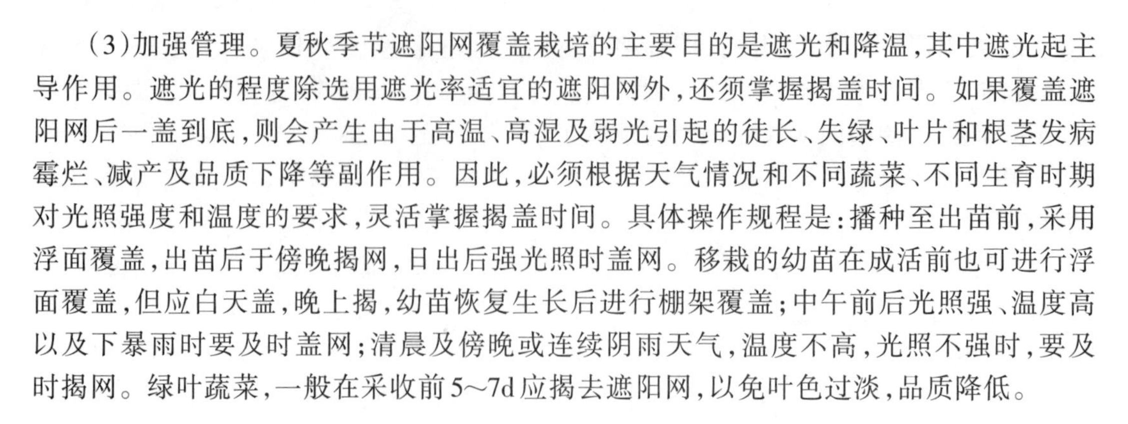

(3)加强管理。夏秋季节遮阳网覆盖栽培的主要目的是遮光和降温,其中遮光起主导作用。遮光的程度除选用遮光率适宜的遮阳网外,还须掌握揭盖时间。如果覆盖遮阳网后一盖到底,则会产生由于高温、高湿及弱光引起的徒长、失绿、叶片和根茎发病霉烂、减产及品质下降等副作用。因此,必须根据天气情况和不同蔬菜、不同生育时期对光照强度和温度的要求,灵活掌握揭盖时间。具体操作规程是:播种至出苗前,采用浮面覆盖,出苗后于傍晚揭网,日出后强光照时盖网。移栽的幼苗在成活前也可进行浮面覆盖,但应白天盖,晚上揭,幼苗恢复生长后进行棚架覆盖;中午前后光照强、温度高以及下暴雨时要及时盖网;清晨及傍晚或连续阴雨天气,温度不高,光照不强时,要及时揭网。绿叶蔬菜,一般在采收前5~7d应揭去遮阳网,以免叶色过淡,品质降低。

五、防虫网的种类、性能与应用

防虫网是一种蔬菜设施栽培的新型覆盖材料,是无公害蔬菜生产的重要措施之一,对不用或少用化学农药,减少农药污染,实施蔬菜清洁生产,具有重要意义。蔬菜防虫网在以色列、瑞典、美国、日本等国早已广为应用,在我国台湾地区使用范围也相当广泛。目前,它已成为全年蔬菜尤其是叶菜类栽培的一项新技术。

1. 防虫网的种类和规格

防虫网的颜色一般为白色、黑色和银灰色,幅宽1.0~3.0m,有尼龙筛网、锦纶筛网和高密度聚乙烯筛网。蔬菜生产上应用的防虫网的规格一般为22~35目;目数多,孔径小,防虫效果好,但通风效果受影响,造成棚内温度和湿度提高。所以,在选择防虫网的规格时,要兼顾防虫和通风的效果。

(1)尼龙筛网。用尼龙线编织而成,具有通风、透光、透气、无毒、不易老化等特点,使用寿命比一般窗纱长3倍左右。

(2)锦纶筛网。除了与尼龙筛网具有相同的性能外,还有防老化的优点,适合大帐式覆盖、较长时间使用。

(3)高密度聚乙烯筛网。由高密度聚乙烯和铝粉经工业加工拉丝编织而成,性能与前两种相同。

2. 蔬菜防虫网的防虫原理

防虫网是一种采用添加了防老化、抗紫外线等化学助剂的优质聚乙烯原料,经拉丝织造而成,形似窗纱,具有抗拉力、强度大、抗热、耐水、耐腐蚀、耐老化、无毒无味的特点。蔬菜防虫网是以防虫网构建的人工隔离屏障,将害虫拒之于网外,从而收到防虫保菜的效果。应用这项技术可大幅度减少化学农药的使用量。

3. 防虫网的覆盖形式

(1)大棚覆盖。可将防虫网直接覆盖在棚架上,四周用土或砖压严实,棚管(架)间用压膜线扣紧,留大棚正门揭盖,便于进棚操作。

(2)小拱棚覆盖。可将防虫网覆于拱架顶面,四周盖严,以后浇水时直接浇在网上,一直到采收,实行全封闭覆盖。

（3）大帐式覆盖。大帐式覆盖即水平棚架覆盖，或大单元防虫网覆盖，一般面积为3～5亩，或适当再大一点。四周用镀锌管支撑，高度为2.0～2.5m，以高出蔬菜高度为宜；水平方向用铁丝连接各支点，将拼接后的大帐式防虫网扣在支撑架上，形成类似蚊帐的一个大单元，并根据需要设置出入口。这种方式是将一个单元面积全部用防虫网覆盖起来，可节省网纱和网架，也便于网内的农事操作。

4. 防虫网的覆盖效果

防虫网覆盖的经济效益和社会效益都十分显著，具体效果主要体现在以下4个方面：

（1）防虫、防病毒病。覆盖防虫网后，基本上能免除菜青虫、小菜蛾、甘蓝夜蛾、甜菜夜蛾、斜纹夜蛾、棉铃虫、豆野螟、瓜绢螟、黄曲条跳甲、猿叶虫、二十八星瓢虫、蚜虫、美洲斑潜蝇等多种害虫的为害，控制由于害虫的传播而导致病毒病的发生。

（2）保护天敌。防虫网构成的生活空间，为天敌的活动提供了较理想的环境，为利用天敌治虫创造了有利条件。

（3）防暴雨，抗强风。夏季强风暴雨会对蔬菜造成机械损伤，使土壤板结，发生倒苗、死苗现象。覆盖防虫网后，由于网眼小、强度高，暴雨经防虫网撞击后，降到网内已成蒙蒙细雨，冲击力减弱，有利于蔬菜的生长。

（4）增产增收，提高品质。覆盖防虫网可大大减少农药使用量，可节省农药及其施用成本。网内蔬菜农药污染少、无虫眼、清洁、品质优。

5. 防虫网覆盖的应用范围

（1）叶菜类生产。主要用于小白菜、夏大白菜、夏秋甘蓝、菠菜、生菜、花菜、萝卜苗生产，可以避免这些蔬菜露地生产虫害多、农药污染严重的现象。

（2）茄果类生产。病毒病是茄果类蔬菜在夏秋季节极易发生的病害，覆盖防虫网可以阻断害虫的传毒途经，减少病毒病的传染；同时，隔离了棉铃虫、斜纹夜蛾、二十八星瓢虫等害虫，可以减少烂果。

（3）瓜类生产。主要用于黄瓜、蒲子、南瓜、西瓜、甜瓜等栽培，有利于减轻病毒病发生和黄守瓜、瓜绢螟等的为害。

（4）豆类生产。防虫网对豆荚螟、美洲斑潜蝇的控制效果超95%，因此，用防虫网覆盖栽培豇豆、四季豆、扁豆等豆类蔬菜，可大大增进品质、提高产量。

（5）育苗。每年6～8月是秋季蔬菜育苗的季节，正值高温、暴雨、虫害频发期，育苗难度大。甘蓝、花菜、青花菜秧苗常常因遭受甜菜夜蛾、斜纹夜蛾、小菜蛾等害虫为害，错过栽种季节。覆盖防虫网，可提高出苗率和秧苗素质，有利于定植后的幼苗成活，从而赢得秋冬蔬菜生产的主动权。

（6）蔬菜制种繁种。防虫网可防止因昆虫活动或风吹造成的品种间花粉杂交，能避免制种时各品种的混杂，以保持品种的纯度，可广泛应用于蔬菜的制种繁种。

6. 防虫网覆盖的注意要点

（1）结合土壤消毒和化学除草。在盖网后种菜前，用高效、低毒、低残留杀虫剂和杀菌剂杀灭残留在土壤中的病菌和害虫，选用对口的除草剂进行化学除草，以阻断害虫和病菌的传播途径。防虫网四周要压实封严，防止害虫潜入产卵。小拱棚覆盖栽培时，应特别注意拱棚要高于作物，避免菜叶紧贴防虫网而使网外害虫采食菜叶并产卵，日后在网内继续为害。同时，随时检查防虫网破损情况，及时修补漏洞和缝隙。

（2）实行全生育期覆盖。虽然防虫网有一定的遮光性，但遮光不多，不会影响蔬菜的正常生长，因此没有必要日盖夜揭或晴盖阴揭。同时，从防虫的角度讲，必须全程覆盖。如遇5～6级大风，须用压网线防大风掀网塌棚。

（3）选择适宜的规格。防虫网的规格包括幅宽、孔径、丝径、颜色等，尤其应注意孔径。网眼大，起不到应有的防虫效果；网眼小，则透气散热不良、遮光过多，对作物生长不利。目前，适宜目数为22～35目，丝径为0.18mm，幅宽为1.0～3.6m，颜色为白色或银灰色。如需加强遮光效果，可选用黑色防虫网，银灰色的防虫网避蚜效果更好。目前，上海市已推广应用镶有银色条的黑色防虫网，集防虫、遮阳、避蚜于一网。

（4）综合配套措施。选用耐热、抗（耐）病虫蔬菜良种，增施有机肥，网外悬挂频振式杀虫灯除虫，网内安装微滴微喷设施及时补水增湿，配套棚膜和遮阳网进行避雨、遮阳，应用生物农药和高效、低毒、低残留农药等综合措施，使防虫网覆盖取得更好的经济效益、社会效益和生态效益。

第二节　蔬菜微型灌溉技术

蔬菜微型灌溉技术就是利用微滴微喷灌溉设备组装成微灌系统，将有压水输送分配到田间，通过灌水器以微小的流量湿润蔬菜根部附近土壤或蔬菜植株表面的一种局部灌水技术。

一、蔬菜微型灌溉系统的种类与特点

1. 微型灌溉系统的种类

用于蔬菜微型灌溉的系统主要有微型滴灌和微型喷灌两种。

（1）微型滴灌。微型滴灌是利用安装在末级管道（称为毛管）上的滴头，或与毛管制成一体的滴灌带（管）将压力水以水滴状湿润土壤的一种灌水技术。通常将毛管和灌水器放在地面，也可以把毛管和灌水器埋入地面以下30～40cm。前者称为地表滴灌，后者称为地下滴灌。每个灌水器的流量一般为2～12L/h。

（2）微型喷灌。微型喷灌是利用直接安装在毛管上或通过直径为4mm的塑料管与毛管连接的微喷头，将压力水以喷洒状湿润土壤和蔬菜的一种灌水技术。微喷头有折射式和旋转式两种，前者喷射范围小，水滴小，是一种雾化微喷灌；后者喷射范围较大，水滴也大。微喷头的流量一般为20～250L/h。

2. 微型灌溉的特点

蔬菜微型灌溉技术与传统的灌溉方式相比，具有以下优点：

（1）降低大棚、温室内的空气湿度。大棚、温室采用微滴技术，是将滴灌带安装在地膜下面，灌溉时，除了作物根部湿润外，棚内或温室内的空气湿度不增加；同时，也避免了浇灌带来的地面蒸发，有利于保持大棚或温室内的空气相对湿度较为干燥。

（2）灌水均匀。微灌系统能够有效地控制每个滴头或喷头的出水流量，因而灌水均匀度高，使灌溉的蔬菜生长一致性好。

（3）节省劳力。微灌是管网供水，操作方便，而且便于自动控制，因而可明显节省劳力，减轻劳动强度。同时，微灌是局部灌溉，大部分地表保持干燥，减少了杂草的生长，也就减少了用于除草的劳力。

（4）稳定地温。微灌的运行方式是采用浅灌勤灌的方式，每次灌水量很小，因而几乎不会引起地温大幅下降。

（5）可以结合施肥、施药灌溉。当需要灌溉时，可根据蔬菜需肥或病虫害防治情况，适时适量地将水和营养成分或农药直接送到作物根部或叶面，同时完成施肥、施药和补水。

（6）减少病虫害的发生。微灌可以降低棚室内的空气湿度，使与湿度有关的病虫害得以大幅度下降，同时可减少农药的使用量。

（7）便于农作管理。微滴时，只湿润作物根部，其他空间均保持干燥，因而可同时进行其他农事活动，减少了灌溉与其他农作的相互影响。

（8）提高农作物产量。采用微灌技术，加强了蔬菜的肥水管理，为蔬菜生长提供了更佳的生长条件，可大大提高产量，增进品质。

（9）提早供应市场。使用微灌系统，能加速蔬菜生长，可提早蔬菜上市。

（10）延长生育期和供应期。对茄果类、瓜类这些多次收获的蔬菜，由于及时得到了肥水的供应，可防植株早衰，延长了生育期和采收时间，使市场供应期延长，增加了经济效益。

（11）提高水的利用率。传统的泼浇、沟灌和漫灌，使大量的灌溉水流失，而微灌是将水以水滴状慢慢地渗入土壤或以细雾状滋润畦面和蔬菜叶面，避免了灌溉水的流失。因此，微灌与传统灌溉方式相比，可减少50%～70%的灌水量。

但是，微型灌溉需要压力输水，还必须配套过滤设备，需要一定的系统投资；灌水器（滴头和喷头）出口很小，易被水中的杂质堵塞，影响灌溉效果，严重时会使整个系统无法正常工作，甚至报废。

二、微型灌溉系统的组成

蔬菜微型灌溉系统由水源、首部枢纽、输配水管道、过滤器、灌水器及微滴微喷设备和其他配件组成。

1. 水源

河流、湖泊、水库、水井和山泉等均可作为微灌水源，但其水质须符合微灌要求。

2. 首部枢纽

首部枢纽包括水泵、动力机、配肥和配药器、过滤器等，其作用是从水源取水增压，并将其处理成符合微灌要求的水流送到系统中去。常用的水泵有潜水泵、深井泵、离心泵等。动力机可以是柴油机、电动机等。

为保证充足、洁净的水源,需专门配套建设蓄水池和沉淀池,容积大小按实际灌水需要确定。

配肥、配药器用于将肥料、除草剂、杀虫(菌)剂等直接施入微灌系统,应安装在过滤器之前。

3. 输水管网系统

输水管网系统的作用是将首部枢纽处理过的水,按照要求输送分配到每个灌水单元和灌水器。输水管网系统包括主管道、支管和毛管。毛管是微灌系统的最末一级管道,其上安装或连接灌水器。

常用输水管道为聚氯乙烯管(PVC 管)和聚乙烯管(PE 管)。PVC 管可根据实际输水量配置口径大小,并由专业管道工连接安装。

4. 灌水器

灌水器是微灌设备中最关键的部件,是直接向作物施水的设备。其作用是消减压力,将水流变为水滴、细流或雾状施入土壤和植株。

(1)滴头。通过流道或孔口将毛管中的压力水流变成水滴状或细流状的装置称为滴头。滴头的流量一般不大于12L/h。滴头有内嵌式滴头和螺旋式滴头等,内嵌式滴头又有片式内嵌滴头和管式内嵌滴头。

(2)滴灌带。滴头与毛管制造成一个整体,兼具配水和滴水功能的带称为滴灌带。滴灌带按结构分类有:①内嵌式滴灌带。即在毛管制造过程中,将预先制造好的滴头镶嵌在毛管内的滴灌带。②薄壁滴灌带。即在制造薄壁管的同时,将管的一侧热合出各种形状的流道,灌溉水通过流道以滴流的形式湿润土壤。

(3)微喷头。微喷头是将压力水流以细小(雾状)水滴喷洒在土壤和植株表面的灌水器。单个微喷头的喷水量一般不超过250L/h,射程一般小于7m。用于蔬菜的微喷头主要有两种:①旋转式微喷头。一般由三个零件构成,即折射臂、支架、喷嘴。旋转式微喷头的有效湿润半径较大,喷水强度较低。②折射式微喷头。折射式微喷头又称为雾化微喷头,主要部件有喷嘴、折射锥和支架。其水滴小,雾化程度高,结构简单。

5. 过滤器

过滤器的作用是将灌溉水中的固体杂质滤去,避免杂质进入系统,造成系统堵塞。过滤器可安装在输水主管道之前,也可安装在微滴、微喷输水支管与主管道之间。常用的有筛网过滤器和叠片式过滤器等。

6. 施肥(药)器

微灌系统中向压力管道内注入可溶性肥料或农药溶液的设备及装置称为施肥(药)器或施肥(药)装置。常用的施肥器有压差式施肥罐和文丘里注入器。

三、微型灌溉系统在田间的布置及使用

1. 水源

可因地制宜选择水源，多为无污染的江河、湖泊、溪流，或利用井水、雨水（建造集雨池）；山区可建小水池汇集涓涓山泉作为水源，即目前推广的“微蓄微灌”技术；在地下水位较高的平原地区，还可以在菜地附近挖一个储水窖或蓄水池，用于储存灌溉用水，浙江省绍兴市越城区皋埠镇蔬菜基地就是采用这一方式。

2. 水压

根据灌溉单元的大小，设计水压系统。如大面积的蔬菜基地、农业园区、农场等，可安装变频恒压供水系统；单家独户的可分别选用压力泵、潜水泵或自吸泵。

3. 田间管网

（1）输水主管道采用耐化学腐蚀、耐压、绝缘性好、耐用的聚氯乙烯供水管（PVC管）或聚氯乙烯给水管（UPVC管）。

（2）支管为聚乙烯管（PE管）。

（3）毛管，即滴灌带，直接铺设在畦面，地膜覆盖的置于膜下，长度与畦长相等。喷灌的输水管根据蔬菜的高矮，可以铺设在畦面或畦沟，也可架在大棚上端，长度依畦长定。

4. 使用维护

首次使用滴灌或喷灌，均需清洗管路，即打开滴灌带或喷灌输水管的末端，让水流从末端流出约10min，以冲洗管路中的杂物。每次使用后，及时清洗过滤器，以保证微灌系统的正常运行。

第三节　嫁接育苗技术

一、前期准备

1. 场地要求

要求地势高、干燥、交通方便、有水电及大棚配套设施。

2. 材料准备

营养土的配制：育苗用的营养土要提前准备好，选用无病虫害的水稻田土、草木灰（或砻糠灰），腐熟有机肥按3∶1∶1的比例配制，再加0.2%的过磷酸钙，并堆放2个月以上。或选用专用的育苗基质。

选用长60cm、宽24cm、深3～5cm的平底塑料育秧盘，用于茄果类蔬菜的播种，出苗后再移入营养钵中；营养钵选用10cm×10cm或10cm×8cm的塑料营养钵。

电加温线主要用于冬季加温育苗，规格有1 000W（120m）、800W（100m）和600W（80m），可根据场地的实际需求来定。

选用遮光率为50%~70%规格的遮阴网，用于嫁接后的遮光管理和夏季降温。

二、蔬菜嫁接育苗的意义

1. 提高植株抗土传病虫害能力

通过嫁接技术将砧木对土壤传播病虫害的抗性转换成蔬菜植株对土壤传播病虫害的抗性，这是蔬菜嫁接的主要目的。如瓜类蔬菜连作极易感染枯萎病，应选用抗枯萎病的南瓜、瓠瓜等砧木品种；茄果类蔬菜易感染青枯病、黄萎病，应选用抗青枯病、黄萎病的托鲁巴姆、赤茄等砧木品种；瓜类、茄果类蔬菜易感染根结线虫病，应选用抗根结线虫的砧木品种。选用抗病虫害强的砧木品种进行嫁接换根，是防治土传病虫害的最有效措施。

2. 增强抗逆性

植物的耐寒性强弱主要取决于根系，选用耐寒性强的砧木品种可显著提高嫁接苗的耐寒性。由于多数砧木来自野生或半野生种，除具有抗病性和耐寒性等特点外，有些砧木还具有耐酸、耐盐碱、抗旱、耐热、耐湿等特点。

3. 延长生育期，提高产量

嫁接苗根系发达，植株生长量大；由于砧木具有的抗逆性，使得生育期得到有效延长，产量明显提高。

4. 提高品质

黄瓜嫁接后植株营养生长改善，果实的可溶性固形物、总糖、维生素C和总酸的含量都增加，果肉增厚，心室变小，苦味瓜比例降低。西瓜嫁接后果型增大，果皮颜色和光泽降低，果肉颜色和可溶性固形物有所下降，可通过施肥和栽培管理来调节。

三、主要蔬菜嫁接技术

1. 瓜类蔬菜嫁接技术

土传病害（枯萎病）是瓜类蔬菜最为严重的病害，要求的轮作年限长（4~5年），对于瓜类蔬菜的专业化、产业化发展设置了难以克服的障碍。采用嫁接育苗栽培，增强了植株的生长势，提高了抗寒力，避免了土传病害和连作障碍，从而实现了瓜类蔬菜的早熟、丰产，大大提高了经济效益。

（1）砧木品种的选择。嫁接西瓜的砧木种类有葫芦、南瓜、冬瓜和野生西瓜等。其中葫芦的嫁接成活率高，对西瓜品质影响小，在生产上应用最广。主要品种有：本地圆蒲、长瓜、牛腿蒲、腰葫芦等地方品种和杂交葫芦品种，如‘南砧1号’‘南砧2号’‘日本圆蒲’‘超丰1号’‘重抗F1’等品种。各地根据砧木的适应性选择适宜的砧木品种。嫁接黄瓜、甜瓜的砧木品种有‘黑籽南瓜’‘金钢1号’‘全能铁甲’等南瓜砧品种。

（2）嫁接方法与技术要点。瓜类蔬菜的嫁接方法主要有插接法、靠接法、劈接法。

①插接法。其技术简单，操作简便，成活率高，嫁接工效高，是目前国内应用最广的嫁接方法。先把砧木苗的生长点用刀片削除，然后用准备好的与接穗下胚轴粗度相适应的竹签或钢丝签，在砧木除去生长点的切口处戳一个深约1cm的孔，为了避免插入胚轴髓腔中，插孔时稍偏于一侧，深度以不戳破下胚轴表皮，从外隐约可见竹签为宜。竹签暂时不拔出。再取接穗，左手握住接穗的两片子叶，右手用刀片在离子叶节0.3～0.5cm处，由叶端向根端削一长约1cm的楔形面，然后右手拔出竹签，随手把削好的接穗插入砧木孔中，使砧木与接穗切面紧密吻合，同时使砧木与接穗成“十”字形，一般无须固定（图2–3）。

②靠接法。砧木、接穗苗的大小在形态上相近，在砧木下胚轴靠近子叶节处用刀片呈45°角向下削一刀，深达胚轴的2/5～1/2，长约1cm；然后在接穗的相应部位向上做45°角斜切一刀，深及胚轴的1/2～2/3，长度与砧木切口相等，将两者切口嵌入，捆扎固定或用嫁接夹固定（图2–4）。嫁接后把接穗、砧木同时栽入塑料钵中，相距约1cm，以便成活后切除接穗的根，接口距土面约3cm，避免发生自根。靠接法接口愈合好，成苗长势旺，因接穗带自根，管理方便，成活率高；但操作麻烦，工效低，不适合大面积生产运用。

③劈接法。先将砧木生长点去掉，用刀片从两片子叶中间一侧向下劈开，刀口长度为1.0～1.5cm，深度达胚轴的2/3左右。不要将整个胚轴劈开，否则子叶下垂固定困难；然后取接穗苗，在近子叶节处两侧各削一刀，切面长1.0～1.5cm，形成楔形，将削好的接穗插入砧木劈口，使砧木和接穗削面平整对齐，然后用地膜剪成的条带捆3～4道，将条带一端压在末劈开一侧子叶间，或用嫁接夹固定（图2–5）。嫁接适期为砧木具有一片真叶，接穗子叶完全展开。劈接的优点是愈合好，成活率高，嫁接苗生长良好；但砧木维管束在接口一侧发育好，另一侧发育较差，容易裂开，嫁接工效不如插接高。

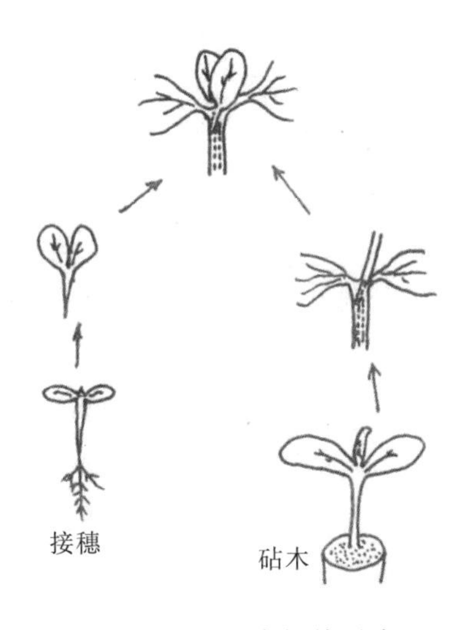

图2–3 瓜类插接示意

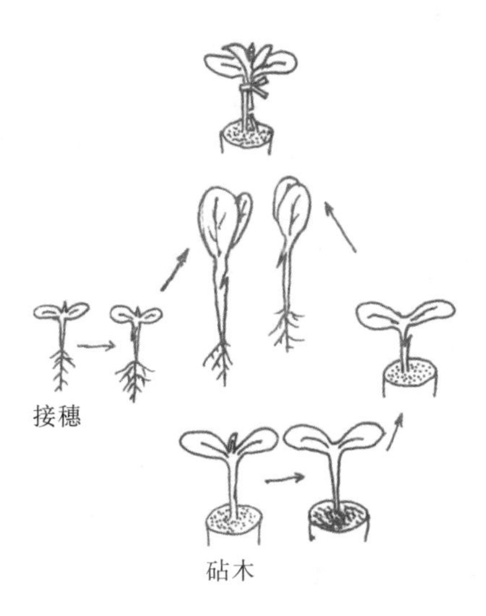

图2–4 瓜类靠接示意

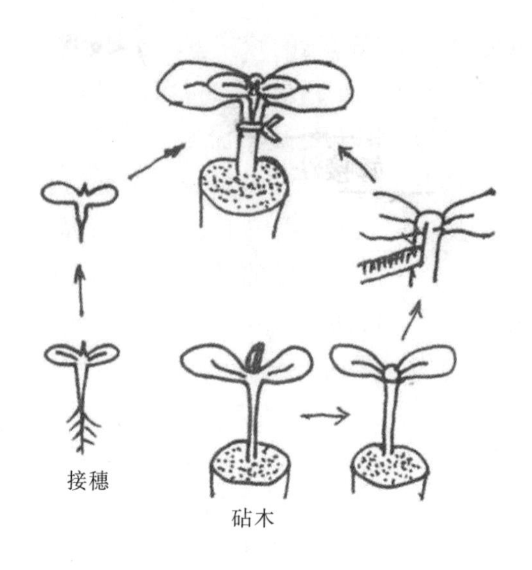

图2-5　瓜类劈接示意

2. 茄果类蔬菜嫁接技术

番茄的栽培面积在不断扩大，土传病害等发生普遍，用植保手段难以克服，采用嫁接的方法，不但能有效地控制根部病害（如青枯病、枯萎病、根腐病、根结线虫病和病毒病），而且非土传性病害（如晚疫病、白绢病、叶霉病、病毒病等）的发病率和病情指数也降低，果实生长优良，单果质量增加，盛收期延长，终收期推后，解决了番茄连作严重减产的问题。可见，利用番茄高抗砧木品种进行嫁接栽培是防治青枯病行之有效的方法，是目前番茄生产中抗病增产，减轻重茬栽培病害的一种有效途径。

（1）砧木的选择。选用高抗目标病虫害的砧木品种，如进口的“和美”“英雄”“托鲁巴姆”“EG219”（茄子类型）砧木，它能同时抗青枯病、枯萎病、黄萎病等土传病害，可达到高抗或免疫程度，兼具耐低温干旱、耐湿的特点，是目前生产上大面积推广的较好的砧木。浙江省农业科学研究院蔬菜研究所育成的新品种‘浙砧1号’是抗青枯病砧木应用的典范。‘浙茄砧1号’可作为茄子抗黄萎病的优秀砧木品种。

（2）嫁接方法与技术要点。

①劈接法。采用劈接法成活率较高，砧木长到5～6片真叶时进行嫁接。嫁接前1～2d将砧木苗淋足水，并喷灭菌剂，拔除病苗、弱苗及残株病叶、杂草；接穗于嫁接前3～4d控制水分。一般是在第二片真叶以上的位置嫁接，先将砧木苗第二片真叶上方用刀片切断顶端，同时用刀片于茎中央劈开，向下切入深1～1.5cm的切口，再将接穗苗拔下，保留2～3片叶，用刀片削成楔形，楔形的斜面长与砧木切口深度相同，随即将接穗小心插入砧木的切口中，插入时注意接穗与砧木的韧皮部必须密合，然后用嫁接夹固定（图2-6）。接穗可采用番茄植株的腋芽，既能节约种子成本，又能提高嫁接成活率，还能提早结果上市。

图2-6 番茄劈接示意

②套接法。选用专门的嫁接套管，番茄的套管内径为2.0mm，管长15.0mm，壁厚1.2mm，材料为有一定弹性的透明塑料，一般多从日本进口。要求砧木与接穗的茎粗细一致。一般砧木的抗性比较强，生长较旺盛，所以接穗应提前2d播种。待接穗长到2.0～2.5片真叶，子叶与真叶之间茎长大于1cm时即可进行嫁接，嫁接前喷1遍杀菌剂以防嫁接时感染。嫁接应在不透风的环境中进行，嫁接前操作台、嫁接刀、人手等都应进行消毒。嫁接时在砧木子叶上0.3cm处，嫁接刀与砧木呈30°角向下切断，套上套管，套管底部正好抵住子叶，然后在接穗第1片真叶下0.3cm处呈30°角与砧木成相反的方向切下接穗，插入套管，使两者充分贴合。操作过程如图2-7所示。

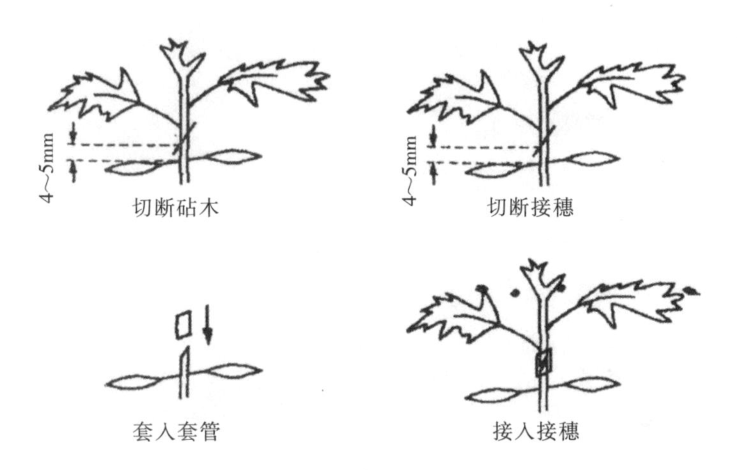

图2-7 番茄套接示意

图片来源：陈贵林等. 2005. 蔬菜嫁接育苗彩色图说. 北京：中国农业出版社.

③内固定嫁接（针接）法。接穗和砧木同时播种，砧木最好点播在营养钵中，接穗可采用平畦稀播。在接穗和砧木真叶长出2～3片，下胚轴直径为2mm左右时为嫁接适期。嫁接时选砧木和接穗粗细一致的苗子，先用刀片在砧木和接穗子叶上方1～1.5cm处将苗子斜向割断，其切线与轴心线呈45°角，要求切面平滑。然后将专用接针（用竹签做成的直径为0.5mm、长为15mm、断面为四角形的竹针或其他类似物品）在砧木切面的中心插入1/2，余下的1/2插接穗（图2-8）；要求砧木和接穗的切面紧密对齐，以利于伤口愈合。

图2-8　番茄针接示意

④插接法。砧木长到5~6片真叶时进行嫁接。嫁接前1~2d将砧木苗淋足水，并喷灭菌剂，拔除病苗、弱苗及残枝病叶、杂草；接穗于嫁接前3~4d控制水分。一般是在第二片真叶叶腋的位置嫁接，砧木苗的第二片真叶上方用刀片切断顶端。先将竹签做成与接穗粗细相当的楔形签，按45°角斜插入叶腋间，深约0.5mm；将接穗苗保留2~3片叶，用刀片削成切面长约0.5mm的楔形；拔出竹签后迅速插入接穗即可（图2-9）。

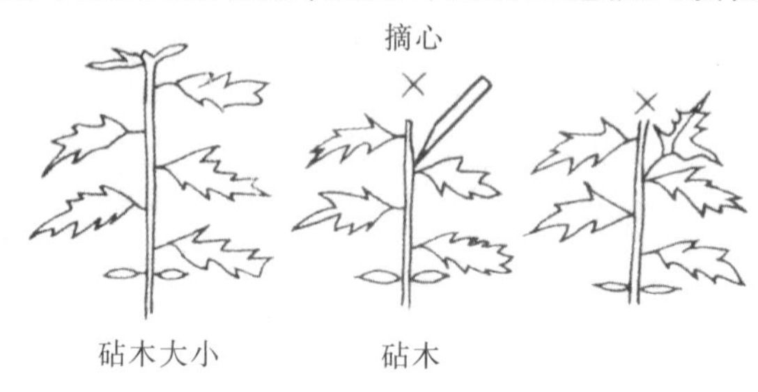

图2-9　番茄插接示意
（引自陈贵林等，2005）

四、嫁接后的管理技术

嫁接后的环境管理是影响嫁接成活率的技术关键。嫁接后，自身已经失去了吸收肥水的能力，仅靠砧木胚轴细胞的渗透作用来供给水分，此时如遇高温、强光、干燥等不良环境条件，接穗就会失水枯萎而死；如遇低温天气，接口难以愈合。所以，必须做好湿度、温度、光照等环境条件的控制。

1. 湿度管理

嫁接苗在愈伤组织形成以前，接穗的供水靠砧木与接穗间细胞的渗透，而细胞间渗透的水量甚少，如苗床空气湿度低，会引起接穗萎蔫，影响嫁接苗的成活。因此，保持苗床湿度，把接穗水分蒸腾减少到最低程度，是提高嫁接苗成活率的决定因素。空气湿度控制的方法是在嫁接完毕后小棚内充分灌水，严密覆盖塑料薄膜，使棚内湿度达到饱和状态，小棚膜内侧出现水珠，瓜类嫁接后3~4d内不通风；3~4d后要在防止接穗萎蔫的同时逐渐接触外界条件，在清晨和傍晚空气湿度相对较高的时间段开始小量通风换气，以后逐渐增加通风量和通风时间，以降低小棚内的空气湿度，至嫁接成活（图2-10），即可转入正常的湿度管理。刚嫁接后如接穗出现凋萎，可用喷雾器喷温水，喷水只针对接穗，要防止水珠流入嫁接口，引起接口腐烂，影响成活。

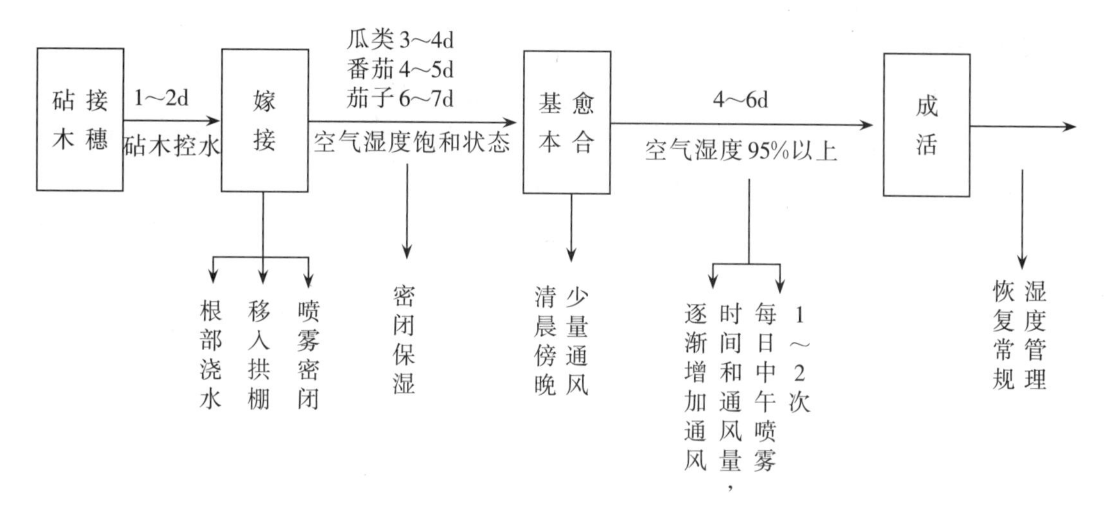

图2-10 嫁接苗空气湿度管理模式图

（引自陈贵林等，2005）

2. 温度管理

为了促进接口愈伤组织形成，苗床要保持较高的温度。刚嫁接时以白天26~28℃、夜间24~25℃为宜，晴天若小拱棚内的温度上升到30℃以上，不能采用通风降温，只能用草帘、遮阳网等覆盖物遮光降温，夜间降到15℃左右时要覆盖草帘保温，必要时用电热线加温。嫁接4~5d后开始通风换气进行降温。嫁接一周后，白天温度保持23~24℃，夜间温度保持18~20℃，土温保持22~24℃；定植前1周对嫁接苗进行低温锻炼，去掉苗床上的小拱棚，大棚进行大放风，白天温度保持22~24℃，夜间降温至13~15℃，使嫁接苗逐渐适应田间环境条件（图2-11）。葫芦砧嫁接苗需要的温度较高，南瓜砧嫁接苗温度管理可低2~3℃。

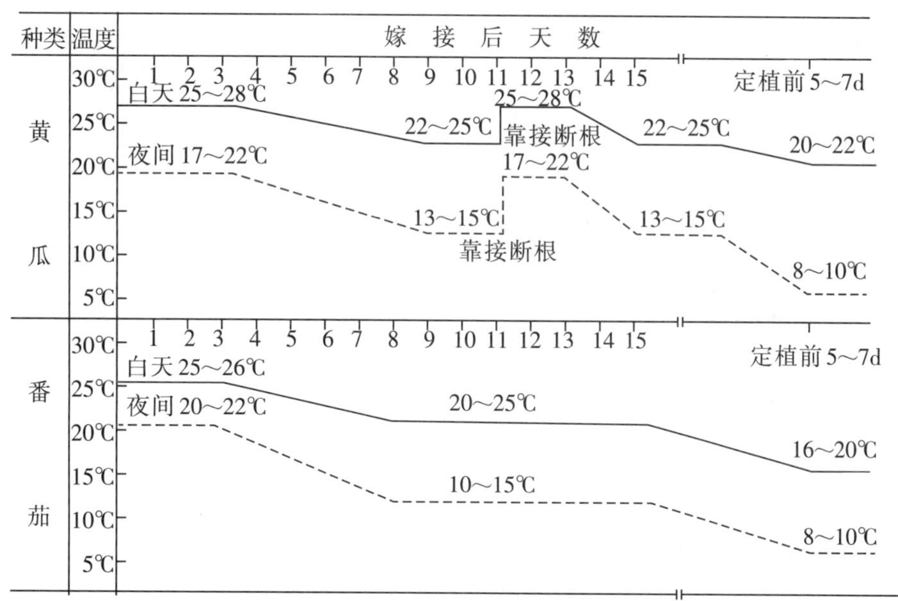

图2-11 嫁接苗温度管理模式

（引自陈贵林等，2005）

3. 光照管理

嫁接后要避免阳光直接照射苗床，以免引起接穗失水凋萎，遮光的方法是在塑料小拱棚外面覆盖草帘、遮阳网、无纺布等不透光覆盖物。嫁接的当天和次日必须遮光，第三日早晚除去覆盖物，以散射弱光照射30～40min，以后逐渐延长光照时间；1周后只在中午遮光，10d后恢复一般苗床管理（图2-12）。遮光时应注意天气情况，在阴天、雨天不遮光，覆盖物不宜过密过厚，使之可透过部分光线，遮光时间不能过长，遮光（顶棚）和通风两者相结合，避免由于密闭造成高温、高湿而引起病害、腐烂等损害。

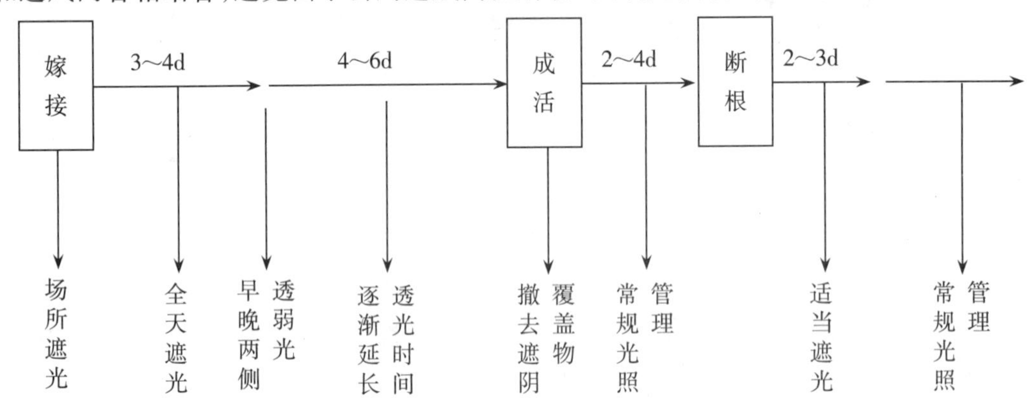

图2-12　嫁接苗光照管理模式

（引自陈贵林等，2005）

4. 除萌、去夹、断根管理

嫁接苗砧木切除生长点以后，根系吸收的养分和子叶的同化产物输送到侧轴，会促进不定芽发生直接影响接穗生长，故砧木萌芽应及时去除；可用镊子夹住侧芽轻轻拉断或用小手术刀切除。注意不要伤及接穗和砧木子叶，定植前一般需摘芽3～4次。嫁接苗接穗开始长出新叶，表明嫁接已经成活。对于成活并且接口牢固的嫁接苗应及时除去固定物，以免影响秧苗的生育。靠插接嫁接苗成活后还要进行断根，切断接穗的根部；在接穗从砧木上能得到充足的养分供应后，接穗胚轴的接口上部开始肥大，与下部有明显的差别，此时即为切断接穗根部的适宜时期，从时间上推算，应为嫁接后18d左右，断根过早会导致接穗的凋萎。

五、嫁接育苗的注意事项

1. 选用适宜的抗病砧木

由于各地青枯病菌存在不同的生理型，在选用抗病砧木时还须事先在当地进行抗病性试验。

2. 预防嫁接伤口感染

固定器过紧、湿度过大、操作不当等，都容易增加病菌的感染机会，因此，嫁接用具必须严格消毒，刀具锋利，嫁接口一刀成型，并保持嫁接区清洁无菌。

3. 防止接穗直接感病

番茄接穗常有自发气生根入土，青枯菌也会通过接穗气生根感病，因此，移栽时不能过深，接口应距地面10cm以上，中耕培土时要防止掩埋嫁接口，避免接穗重新发根入土而成为自根苗，失去嫁接苗的功能。

4. 防止嫁接苗传染病毒

烟草花叶病毒(TMA)是番茄的重要病害之一，它极易通过接触传染。为防止病毒感染，除对嫁接工具进行消毒外，还要注意选用抗病毒的品种。

第三章　大棚设施环境的变化特点及其调控措施

塑料大棚覆盖薄膜后，棚内与棚外完全隔离，棚内的小气候环境与露地完全不同，我们要进行大棚栽培，就必须掌握大棚内的特殊气候环境特点，采用科学的调控措施，以最大限度地满足蔬菜生产发育所需的条件，从而达到优质、高产、高效。

第一节　光照环境的变化特点及调控技术

“万物生长靠太阳。”植物的生命活动赖以生存的物质基础是通过光合作用制造出来的。光照是设施栽培蔬菜制造养分和生命活动不可缺少的能源条件，同时也是形成设施小气候环境的主导因素，所以光照环境是影响大棚栽培作物生长最重要的因素。设施内光照条件的好坏取决于光照强度、光照时数、光质和光照分布4个方面。

一、大棚设施内光照环境的变化特点

1. 光照强度

绿色植物生存的秘诀在于它们能够在太阳光能的参与下，通过叶片吸收二氧化碳和根系吸收水分合成碳水化合物作为自己的能源，保持正常的生长发育，这个生理活动叫作光合作用；反之，消耗碳水化合物，提供体内能量，促进植物生长的活动叫作呼吸作用。即

$$6CO_2+6H_2O+2\ 871.5kJ \rightleftharpoons C_6H_{12}O_6+6O_2$$

一般情况下，随着光照强度的升高，作物光合作用的速度也增加，但当光照强度达到一定的高度值时，作物已经达到饱和状态，此时光合作用的速度不再增加，这时的光照强度叫作光饱和点。另外，随着光照强度降低，光合作用的速度减小，降至同呼吸作用平衡时，两者相差为零，此时的光照强度叫作光补偿点。如再降低光照强度，光合作用的速度为负值，作物只有消耗而无积累，时间长了就会死亡。

蔬菜作物对光照强度的需求分强光、中光、弱光3种类型。如瓜类、茄果类等蔬菜属强光型，要求40 000lx以上的光照才能生长好；豆类、芹菜、甘蓝类等蔬菜属中光型，

要求10 000~40 000lx的光照才能生长好；莴苣、菠菜等喜凉的绿叶菜类属弱光型，可在10 000lx以下的光照条件下生长。

2. 光照时数

光照时数的多少主要影响蔬菜作物的光合作用时间、大棚设施内的热量积累及光周期效应。根据蔬菜作物对光照时间长短的反应，可分为长日照、短日照和中间性日照3种类型。如甘蓝、白菜、芹菜、莴苣等为长日照作物，要求日照时间在12~14h以上；豇豆、茼蒿、苋菜、蕹菜等为短日照作物，要求日照时间在12~14h以下；茄果类、黄瓜、菜豆等为中间性日照作物，对日照时间要求不严。

3. 光质

透过大棚薄膜的光质主要与大棚覆盖材料的性质有关。所有薄膜都具有透过紫外线的能力，其中聚氯乙烯薄膜和聚醋酸乙烯薄膜的透过率较大；但对可见光的透过率，聚乙烯(PE)薄膜和聚醋酸乙烯(EVA)薄膜较大。目前，大棚设施采用的多功能无滴膜主要是PE薄膜和EVA薄膜，其特点是保温性好、耐候性强、光质改善、无滴效果好，是理想的大棚覆盖材料。

4. 光照分布

蔬菜大棚栽培要求大棚内光照分布均匀、差异小，但大棚内一般存在前排光照强、后排光照弱和上部光照强、下部光照弱的差异。要想让光照分布均匀，可通过使大棚的屋脊为南北走向、地面铺能反光的地膜等方法加以改善。

二、大棚设施内光照环境的调节与控制

1. 大棚设施栽培影响光照条件的因素

大棚薄膜覆盖后，设施内的光照强度要比露地低。影响棚内光照条件的主要因素有：大棚薄膜的透光率(一般新的大棚薄膜透光率为80%~90%)；棚架设备等不透光材料的遮光损失率(一般大型设施在5%以内，小型设施在10%以内)；薄膜水滴的光照折射率(一般为15%~20%)；粉尘污染(可达15%~20%，一般严重污染的旧薄膜的透光率可下降到40%以下)；薄膜老化(可达20%以上)。

大棚的棚架结构与光照的入射角的关系对光照的影响：光照的入射角越大，光线的透射率就越低，入射角大于60°时透射率急剧下降，提高棚架顶高可提高光的透射率。

2. 大棚设施栽培光照条件的调节措施

大棚设施栽培蔬菜对光照环境的要求：一是光照充足；二是光照分布均匀。提高大棚设施栽培光照强度的主要措施有：

(1)改善大棚结构，提高透光率。

①选择适宜的设施场地和合理的方位，大棚搭建要求南北朝向。

②骨架材料尽量选择细材，以减少骨架对光照的遮阴。

③选用透光率高且透光保持率高的透明覆盖材料。应选用防雾滴且持效期长、耐候性强、耐老化性强的优质多功能薄膜。大棚薄膜要求1年1换。对于多年使用的大棚薄膜，每年要对薄膜表面进行清洗(图3-1)。

④改大棚内用小竹竿搭“人”字架为用塑料绳垂直牵引(图3-2)。

图3-1 大棚薄膜清洗示意

图3-2 用塑料绳垂直牵引示意

(2)改善大棚管理措施。

①棚内保温用覆盖的两层薄膜，在棚内气温回升后要及早揭去，以改善棚内光照条件。

②清洁薄膜，对于使用超过1年的薄膜，要求每年清洗薄膜表面尘土，以增加透光率。

③加强植株管理，瓜类、番茄等高秆作物要及时整枝、打杈，及时搭架、绑蔓，植株进入旺长期要及时摘除下部老叶，以增加通风、透光。

④选用反光地膜，如银灰地膜、白黑地膜等反光地膜，增加植株下部光照条件。

(3)遮光。遮光的目的是通过减少光照强度来实现降温。大棚蔬菜夏季生产时往往会遇到强光照射，造成高温和灼烧危害，所以要应用遮光技术来减弱光照强度，降低棚内气温、地温，维持作物的正常生长条件，防止强光伤害；一般情况下，遮光20%~40%，可以降低大棚内温度2~4℃。生产上在移苗定植后为了缩短缓苗期，通常需要遮光；在夏季育苗、冬菜夏种和夏季速生蔬菜的生产上应用遮光技术效果显著。对于遮光材料，要求有一定的透光率、较高的反射率和较低的吸收率。

(4)人工补光。人工补光的目的如下：

①光周期补光，增加光照时数，用以满足光周期不足的需要。如利用大棚进行大蒜冬季栽培，为使大蒜头能够在春节期间上市，必须进行补光，以满足大蒜鳞茎膨大对光周期的要求。

②作为光合作用的能源，增加光照强度，以补充自然光照的不足。人工补光投入大，一般在蔬菜生产上应用少，但在工厂化育苗及花卉的反季节生产上有应用。

第二节 温度环境的变化特点及调控技术

温度是影响大棚栽培蔬菜生长发育的最重要的环境因子，是植物生命活动最基本的要素。与其他环境因子比较，温度是大棚栽培中相对容易调节和控制的环境因子。

一、大棚设施内温度环境的变化特点

在无加温条件下，大棚内的温度的来源主要靠太阳光的直接辐射和散射辐射，而且透过薄膜，照射到地面，提高了大棚内气温，由于反射出来的是长波辐射，能量较小，大多数被薄膜等覆盖物阻挡回去，所以大棚内进入的太阳能多，反射出去的少；再加上覆盖物阻挡了外界风流的作用，大棚内温度自然比外界高，这就是所谓的“温室效应”。

大棚设施内温度的日变化规律与露地相似，即中午温度最高，下半夜温度最低；但大棚内白天升温快，晴天中午可高达50℃以上，夜间降温比露地慢，一般棚内的最低温度出现在凌晨3:00前后，且低温持续的时间短。大棚内的昼夜温差很大：白天，太阳出来后，棚内气温快速上升；傍晚，太阳下山后，棚内气温迅速下降。研究表明，夜间大棚内热量的来源是地中储蓄的热能，这些热量通过热辐射加热室内空气，并以贯流放热、缝隙放热和土壤横向传热3种主要放热形式消耗掉。

棚内温度的散失途径有：地面、覆盖物、作物表面有效辐射失热；以对流方式，保护地内土壤表面与空气之间、空气与覆盖物之间进行热量交换，并通过覆盖物外表面失热；保护地内土壤表面蒸发、作物蒸腾、覆盖物表面蒸发，以潜热形式失热；保护地内通风排气将显热和潜热排出；土壤传导失热；夜间大棚内热量的来源是地中储蓄的热能，这些热量通过热辐射加热棚内空气，并以贯流放热、缝隙放热和土壤横向传热3种主要放热形式消耗掉。

二、大棚设施内温度环境的调节与控制

大棚内温度环境的调节与控制包括保温、加温和降温3个方面。对大棚内温度环境的调节与控制，要求达到适宜于棚内作物生长发育的温度。

1. 大棚保温措施

当大棚外气温下降，影响作物正常生长时，要通过保温措施来调节设施内的温度。保温的途径是白天增大土壤对太阳能辐射的吸收率，夜间减少放热途径。主要保温方法有：

（1）增大大棚的透光率。正确设计大棚的方位朝向和确保棚间距；选用透光率高的无滴薄膜；保持薄膜表面清洁，对于使用超过1年的大棚薄膜要进行清洗；增加薄膜的透光率，以提高棚内温度。

（2）采用多层覆盖，减少贯流放热量。要防止热量通过透明薄膜流失，最有效、最经济实用的方法就是采用多层覆盖。生产上常用的覆盖物有薄膜、无纺布、稻草帘等；其中，高保温的EVA多功能复合膜，一般夜间最低气温要比PE膜高1.0℃左右。由于江南地区冬春季节雨水多，不能进行棚外覆盖保温，只能进行棚内覆盖保温。浙江省大棚栽培最有效的保温方式是"三棚四膜"保温，即在大棚内搭建中棚和小拱棚，夜间分别在中棚和小拱棚上覆盖塑料薄膜，再加上地膜覆盖。6m宽的标准大棚夜间棚内最低气温比外界高1～4℃，大棚内每增加一层覆盖物可提高2～4℃。一般来说，覆盖一层薄膜可减少热量损耗30%～35%，覆盖两层薄膜可减少热量损耗45%以上，覆盖层数越多，防寒保温性能越好（表3-1）。

表3-1　多层覆盖的保温效果　　℃

覆盖方法 日期	平均最低气温			10cm平均土温		
	单层	双层	三层	单层	双层	三层
3月8日至13日	-3.8	0.2	1.8	4.5	5.7	8.5
3月24日至31日	2.7	6.3	9.0	10.8	14.0	
4月1日至11日	5.0	8.5	11.7	14.0	14.3	17.0

（3）增大保温比，减少热消耗。保温比就是大棚内的土壤面积与大棚棚体表面积之比。保温比越大，说明大棚的保温性越好。因为，棚内的土壤是吸储热量的容器，棚内的土壤面积越大，表明白天吸储的热量就越多；棚体表面积是大棚内外热量交换的场所，棚体表面积越大，表明夜间流失的热量就越多。增加大棚的宽度，可以增大大棚的保温比。因此，大棚的保温效果好坏取决于大棚的宽度，与大棚长度无关，可以说大棚越宽，保温效果越好。

（4）加强大棚管理，提高保温效果。低温季节覆盖薄膜要严实、封密，北头不开门，防止冷风吹入；大棚北面设置风障可有效减少大棚的贯流放热，提高大棚的保温效果；当气温低于0℃时，可在小拱棚的棚膜上再加盖无纺布、遮阳网、草帘等保温材料，提高保温效果；无纺布是一种轻型的、保温效果较好的保温覆盖材料，生产上多选用规格为70～90g/m^{2}的无纺布覆盖，保温效果显著。

2. 大棚加温措施

当大棚内气温通过保温措施难以满足作物生长时，需要采取加温措施来调节设施内温度。在大棚蔬菜的生产上一般不使用加温措施，因为能源成本太高，而蔬菜产品价格相对较低。但是在蔬菜冬季育苗时经常会应用加温措施。加温措施主要有：

（1）热风加温。通过柴油热风机直接给棚内空气加温。

（2）热水加温。通过锅炉热水在棚内进行管道循环来加热棚内空气。

（3）电热加温。在土壤中铺设专用的电加温线给棚内土壤加温，一般只应用于苗床。

3. 大棚降温措施

当大棚内气温上升太快，或夏季棚内气温太高影响作物生长时，需要进行温度控制。主要的降温措施有：

（1）通风换气降温。棚内气温升高后，把大棚两侧的薄膜拉起，或将大棚两头的门打开，使大棚内外实现空气交换流通来降低气温。

（2）遮光降温。在大棚薄膜（或大棚棚架）上覆盖遮阳网进行遮光降温。

（3）湿帘降温。主要应用于连栋大棚或玻璃温室。

（4）露天栽培。对于大棚栽培的高架作物，由于高温季节大棚内难以通过通风来降温，因此可以揭去大棚薄膜，采用露天栽培。

第三节 空气湿度的变化特点及调控技术

大棚设施内与露天的湿度差别很大，其原因主要是空气交换受到抑制。棚内湿度过大，影响光合作用的速度，不仅造成植株徒长，还容易引发多种病害，如瓜类的霜霉病、疫病、炭疽病和细菌性病害；茄果类的灰霉病、晚疫病、炭疽病和细菌性病害等在低温高湿条件下容易暴发。因此，低温季节降低大棚设施内的空气湿度是大棚设施管理的又一项重要技术措施。

一、大棚设施内空气湿度环境的变化特点

大棚内的空气湿度是由土壤水分的蒸发和植物体内水分的蒸腾而在大棚密闭的情况下形成的。棚内空气湿度在白天通风的情况下一般为70%～90%，夜间常常高达100%，并在大棚薄膜内侧凝结成水珠。

二、大棚设施内空气湿度环境的调节与控制

降低大棚内空气湿度的措施有：

（1）通风换气。大棚内空气湿度高是由于大棚密闭所致，进行通风换气，排出大棚内的水蒸气，使大棚内的绝对湿度下降。

（2）全地膜覆盖（图3-3）。大棚内的空气湿度的主要来源是土壤水分蒸发，地膜覆盖可有效抑制土壤表面的水分蒸发，减少大棚内湿度来源。据测定，地膜覆盖前的夜间棚内湿度为95%～100%，地膜覆盖后则下降至75%～80%。

（3）采用膜下滴灌技术，控制灌水量，减少水分蒸发，降低大棚内空气湿度。

（4）大棚设施内不许开排水沟，防止沟内积水。

（5）铺设吸湿材料，在畦沟内铺干稻草等吸湿性材料，可以吸收空气中的湿气或者承接棚顶滴落的水滴，也能降低设施内空气湿度。

（6）强制大棚设施内空气循环流动，防止叶片结露，一般应用于大型玻璃温室和连栋大棚，用来预防因高湿度引起的植株病害。

（7）加温除湿。在连续阴雨天气，加温是最有效的除湿措施。

图 3-3　棚内全地膜覆盖示意

大型玻璃温室或连栋大棚在进行周年生产时，在高温季节会出现棚内空气湿度不够的问题，必须通过加湿来提高空气湿度。增加棚内空气湿度的措施主要有喷雾加湿和湿帘加湿。

第四节　空气环境的变化特点及调控技术

大棚设施内的空气环境不像光照和温度环境那样直观地影响着作物的生长发育，往往被人们所忽视。棚内空气与外界的交换受阻，造成棚内空气很不新鲜，氨气（NH_3）、亚硝酸气（NO_2）、二氧化硫（SO_2）等有害气体大大高于外界，而植物光合作用必需的二氧化碳（CO_2）气体则低于外界，严重影响着作物的正常生长。

一、大棚设施内空气成分的变化特点

1. 有益气体

对作物生长有益的气体主要包括氧气（O_2）和二氧化碳（CO_2）。

（1）氧气（O_2）。植物地上部分枝叶的生长所需氧气来自空气，而地下部分根系的生长所需氧气来自土壤，所以要求土壤保温疏松，防止积水或板结，避免土壤缺氧。此外，在种子萌发过程中需要足够的氧气，否则会因厌氧发酵造成烂种。

（2）二氧化碳（CO_2）。二氧化碳是植物进行光合作用不可缺少的主要原料。一般露地大气中二氧化碳的浓度约为0.03%，而塑料大棚内，夜间由于作物的呼吸作用、土壤中有机物的分解和微生物的活动都会释放出二氧化碳，使棚内二氧化碳浓度高于外界，最高超过0.06%；但日出后，由于植物光合作用旺盛，二氧化碳的浓度迅速下降，并在日出后1.5h左右，棚内二氧化碳浓度与棚外基本持平；到9:00左右，棚内二氧化碳浓度可降到0.01%以下的临界浓度，如果不及时补充，植物几乎不能进行光合作用。

2. 有害气体

空气中的气体成分比较复杂,有些气体对作物生长有毒害作用,由于在大棚相对密闭的情况下,空间小,温度变化大,一旦出现毒害现象,将是毁灭性的,所以要格外注意。大棚内的有害气体主要包括氨气(NH_3)、亚硝酸气(NO_2)、一氧化碳(CO)、二氧化硫(SO_2)等。

(1)氨气(NH_3)和亚硝酸气(NO_2)。在肥料分解过程中会产生氨气和亚硝酸气,特别是过量施用鸡粪、尿素等肥料情况下容易发生毒害,造成植株的幼芽叶片的周围呈水浸状,其后变成黑色而逐渐枯死。在大棚密闭条件下,当氨气浓度达到0.000 5%,亚硝酸气浓度达到0.000 2%时,就能从蔬菜外观上看出危害症状。氨气主要危害叶绿体,叶色逐渐变成褐色,以致枯死;亚硝酸气主要危害叶肉,成为漂白斑点状,严重时除叶脉外,叶肉都漂白致死。一般施用过量鸡粪、尿素等肥料易产生这些现象,往往发生在施肥后10天左右。番茄易受氨气危害,黄瓜、茄子易受亚硝酸气危害。当大棚薄膜内壁水滴pH值在7.2以上时,室内已产生氨气;当水滴pH值在4.5以下时,室内已产生亚硝酸气。

(2)二氧化硫(SO_2)和一氧化碳(CO)。二氧化硫和一氧化碳主要是大棚内用煤燃烧加温时造成的,未腐熟的粪便及饼肥等分解时也会释放出来二氧化硫。二氧化硫浓度超过0.000 02%时会出现受害症状,浓度达到0.000 1%时可引起叶绿体解体、叶片漂白甚至坏死。蔬菜受二氧化硫危害后叶片先呈现斑点,进而退绿。浓度低时,仅在叶背出现斑点;浓度高时,整个叶片呈水浸状,逐渐退绿。其中,呈现白色斑点的有白菜、萝卜、葱、菠菜、黄瓜、番茄、辣椒、豌豆等;呈现烟黑色斑点的有蚕豆、西瓜等。一氧化碳(CO)是由于煤炭燃烧不完全和排烟道泄漏排出的毒气,对生产管理人员和细菌危害最大,浓度高时,会引起生命危险。

二、大棚设施内空气成分的调节与控制

1. 二氧化碳(CO_2)气体的调节

(1)在晴天太阳出来2h后要及时通风换气,以补充棚内空气中的二氧化碳浓度。

(2)二氧化碳施肥。二氧化碳施肥的方法有多种,如应用纯二氧化碳、煤油天然气燃烧和化学反应等。目前,我国在生产上推广的是化学反应法。采用硫酸与碳酸氢铵进行化学反应,产生二氧化碳、水和硫酸铵。化学反应式如下:

$$H_2SO_4+2NH_4HCO_3 \rightarrow 2CO_2\uparrow+2H_2O+(NH_4)_2SO_4$$

生产上有专用的二氧化碳发生器和二氧化碳发生液或固体二氧化碳肥,也可以自己买原料进行土法制作,方法如下:先将购置的98%工业用浓硫酸按1∶3的比例加水稀释,稀释时必须把硫酸慢慢倒入水中,否则会溅出酸液伤人;碳酸氢铵用塑料袋包好,戳几个孔,碳酸氢铵的用量为一个6m宽、30m长的标准大棚每次约1.2kg,大致需要消耗浓硫酸500mL。一般在坐果期的早上日出后半小时使用。二氧化碳施肥要选择在晴天进行,阴雨天气不必进行,使用后必须闭棚1h以上,待二氧化碳被植株吸收后再进行通风。

2. 有害气体的调节

（1）大棚蔬菜基地应远离矿山、化工厂等工业废气污染源。

（2）通风换气。每天都必须进行适度通风，低温阴雨天气可在中午进行棚头通风，晴天棚内气温回升后在大棚两侧通风，及时排出棚内的有害气体，否则易受氨害（图3-4）。通风换气对棚内温度和湿度也有调节作用。

图3-4　瓠瓜氨害症状

第五节　土壤环境的变化特点及调控技术

土壤是蔬菜植株赖以生存的基础，植株生长所需的养分和水分都是从土壤中获取的。所以要求土壤肥沃，土质以壤土最好，通透性适中，保水、保肥力好。

一、大棚设施内土壤环境的变化特点

1. 土壤盐分的积累

由于大棚薄膜的长期覆盖，棚内温度高，土壤水分蒸发量大，出现土壤下层的盐分不断向土壤表面积聚的返盐现象；又由于棚内缺少自然降水，缺少雨水的淋溶，从而造成土壤上层盐分的积累。

2. 大量施入肥料，产生次生盐渍化

目前，我国在蔬菜大棚设施栽培上盲目施肥现象非常严重，化肥的施用量一般都超过蔬菜植株需要量的1倍以上，大量积余养分使土壤盐分浓度逐年升高，造成土壤次生盐渍化，导致生理病害加重。

3. 土壤酸化

土壤酸化的最主要原因是化肥施用量过多、残留量大引起的。化肥是由盐基与酸根组成，盐基被作物吸收，酸根就残留在土壤中造成土壤的酸化（图3-5）。土壤酸化除

因pH值过低直接危害作物生长外，还抑制了磷、钙、镁等元素的吸收，磷在pH<6时溶解度低。据日本的试验表明，连续施用硫酸铵、氯化铵时土壤pH值下降最明显。

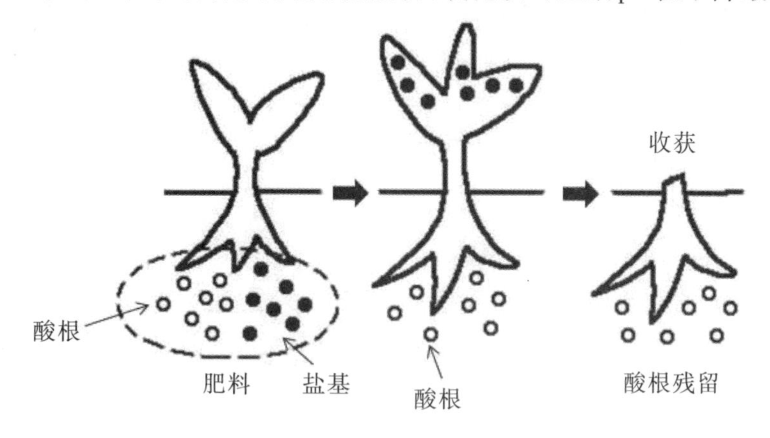

图3-5 土壤酸化示意

图片来源：张福墁. 2015. 设施园艺学. 2版. 北京：中国农业大学出版社.

4. 植株生理障碍

大棚栽培蔬菜种类较单一，连茬次数多，土壤中某些营养元素严重亏缺，出现缺素症状；而某些营养元素却因过剩大量残留在土壤中，产生毒害。

5. 土壤生物环境的变化

由于大棚设施内的土壤环境比较温暖湿润，为一些土壤中的病虫害提供越冬场所，造成土传病虫害严重；根系分泌物会刺激线虫等害虫卵孵化，促进线虫等害虫群体增加。

6. 化感作用的影响

蔬菜作物的根系分泌物在土壤中的积累会对同科作物产生抑制作用；植株残体的腐解产物产生的自毒作用也会抑制同科作物根系生长。

综上所述，连作障碍是由多种因素综合作用的结果（图3-6）。

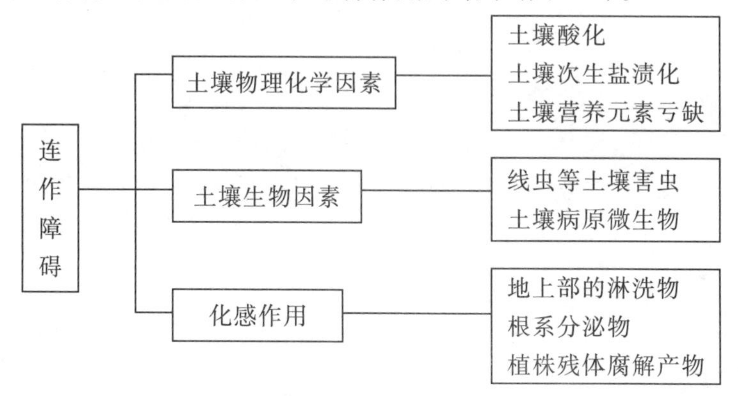

图3-6 导致蔬菜连作障碍产生的因素

（引自阮维斌等，1994）

二、大棚设施内土壤环境的调节与控制

1. 平衡施肥，减少土壤中的盐分积累

配方施肥是最科学、最有效的施肥技术，是在施用有机肥料的基础上，根据不同蔬菜作物不同生长阶段的需肥规律、土壤的供肥特性和肥料效应，提出氮、磷、钾和其他营养元素肥料的适宜用量以及相应的施用技术。一般情况下，多施有机肥料可以减少化肥的使用量，能缓解土壤盐分的上升。

2. 改变灌溉方式，降低土壤水分蒸发

漫灌和沟灌都会加速土壤水分的蒸发，易使土壤深层盐分向表层积聚。采用地膜覆盖，可以防止土壤水分的蒸发；滴灌可以防止土壤下层盐分向表层积聚。所以，膜下滴灌技术是防止土壤盐分上升的最有效措施。

3. 采用薄膜的季节性覆盖栽培

如早春保温栽培，在五六月份露天蔬菜大量上市后，菜价大幅下降，此时将大棚薄膜和地膜揭去，使大棚蔬菜在露天生长，让雨水淋洗土壤，或每年安排一茬蔬菜进行露天种植，降低土表的盐分积累。

4. 短期淹水洗盐

根据何圣米等（2005）在浙江省嘉善的试验，利用夏季大棚蔬菜生产的换茬时期，清园后将大棚内土壤进行短期淹水高温闷棚处理6d，结果发现：经过6d的棚内灌水高温闷棚处理，在天气晴朗时棚内最高气温达57℃，最高水温达56℃，可以杀灭全部的真菌性病原以及绝大多数的细菌性和病毒性的病原，以及害虫的卵、蛹、成虫；经过换水4次，棚内土壤全盐含量可由1.9%降到0.1%以下，换水3次以后水的电导率（EC值）不再升高；同时，该方法可以均分土壤中各种可溶性养料，随水带走大量上轮蔬菜残留的分泌物和残体腐解产物。该方法对土壤环境恶化的各因素可以有效地进行修复（图3-7）。

图3-7　短期淹水处理示意

5. 应用水旱轮作技术

大棚蔬菜收获后，与水稻、慈姑、荸荠、水芹等水生作物轮作（图3-8、图3-9），可以彻底消除土壤盐分以及蔬菜的分泌物、残体腐解产物和土壤病虫害等连作障碍对作物生长的影响。

图3-8 大棚蔬菜与水稻轮作

图3-9 大棚蔬菜与慈姑轮作

6. 应用嫁接技术

有针对性地选用抗性强的砧木品种，进行嫁接换根，可增强蔬菜作物的抗逆性和抗病性。

7. 土壤消毒

石灰氮(氰胺化钙)是一种高效的土壤消毒剂,目前生产上应用较多,其分解的中间产物氰胺和双氰胺对土壤中的微生物和昆虫具有很强的杀灭和驱避作用。使用方法为:选择夏季换茬的空档期,清园后将石灰氮全面均匀撒施在土壤表面,石灰氮的使用量一般为每亩60kg;通过小型翻耕机械或人工翻耕使其与土表混合均匀,干旱土壤可在灌水后地面覆盖薄膜增温保湿,保持土壤湿度为60%~70%,使石灰氮颗粒分解;封闭大棚,利用太阳能使土壤耕作层20~30cm处温度达到40~50℃,持续约20d即可有效杀灭土壤中的真菌、细菌、根结线虫等病虫害;消毒完成后揭膜晾晒,翻耕作畦后7~10d即可播种或定植。

第四章　设施栽培蔬菜病虫害及其综合防治技术

我国幅员辽阔，东西、南北跨度很大，气候类型复杂多样，适宜各种类型蔬菜作物的栽培与生产，也为蔬菜产业的发展提供了良好的自然生态条件。蔬菜产业在我国农业和农村经济中占有很重要的位置，近20年来，随着农村种植业结构的战略性调整，我国的蔬菜产业发生了翻天覆地的变化。一是蔬菜种植面积迅速发展。尤其是北方以节能日光温室为主，南方以塑料大棚为主的设施栽培蔬菜取得了长足的发展，据不完全统计，到2008年，我国设施蔬菜（包括西瓜、甜瓜等）栽培面积超过330万公顷，年种植面积比2000年翻了一番，占世界设施蔬菜栽培面积的80%以上，占全国蔬菜栽培面积的18.7%。2008年我国设施蔬菜产量达到2.7亿吨，占蔬菜总产量的41.7%，设施蔬菜总产值达4 100亿元，占蔬菜总产值的51%。二是蔬菜品种迅速增加，在全世界840种菜用植物中，目前我国栽培的蔬菜有200余种，分布于全国各地。由于蔬菜栽培的面积大、品种多，生产的区域化、规模化和专业化日趋明显，以及全国各地气候条件、栽培制度各异，茬口复杂，因此，蔬菜病虫害的种类繁多。加之蔬菜产品与种苗的全国性大流通，设施栽培的发展及全球气候温室效应的加剧，又为蔬菜病虫害的滋生蔓延提供了更为有利的条件，一些本来仅在局部发生的病虫害传播开来，一些次要的病虫害上升成主要病虫害，使蔬菜病虫害的种类不断增加，给蔬菜生产造成巨大损失。同时，蔬菜生产经营的现状和特点仍然是劳动密集型操作、土地分散经营，广大蔬菜种植者生产水平参差不齐。为了维持正常蔬菜生产，部分农民因不能正确识别病虫害，随意使用农药，盲目防治，造成了对蔬菜产品和环境的污染，并在一定程度上影响了我国绿色农业、高效农业、精品农业、创汇农业等现代农业的发展。为了更好地促进蔬菜安全生产，有效地控制蔬菜病虫害的危害，提高蔬菜产品的质量，本章将系统概述蔬菜病虫草害的基本概念、发生特点和综合治理技术，以增强广大菜农蔬菜病虫草害综合治理技术，进一步提高广大蔬菜种植者的生产技术水平。

第一节　设施栽培蔬菜病害的类型与识别

在人类悠久的农业生产实践中，植物健康地生长和正常地发育，人类就能获得更多更好的食品和产品。但是，在自然界由于环境因素的作用，植物的生长与发育经常会遇到各种挑战与威胁，可能导致植物不能正常地生长发育，严重时可导致植物死亡，从而影响到人类对它们的利用价值。植物在环境因素的有害作用下，其生理程序的正常功能偏离到不能或难以调节复原的程度，从而导致一系列生理病变、组织病变和形态病变，生长发育失常或受害，最终使人类所需产品的产量和品质受到损失，这种现象称为植物病害（曾士迈，1989）。蔬菜病害是指蔬菜在生长、发育、储藏、运输的过程中受不良环境的影响或病原微生物、线虫等有害微生物的侵染，其正常的新陈代谢受到干扰，生理机能、内部组织结构和外部形态出现异常变化，它们的正常发育受到阻碍，表现出各种不正常的特征，从而使蔬菜的品质、产量和经济价值受到影响的现象。与其他作物相比较，蔬菜作物受到病害的影响时，只要其植株上有一点病斑、孔洞，就会马上影响其品质，降低商品价值和经济效益。因此在蔬菜病害的防治上，预防措施比病情发生后的治疗更为重要。这就需要正确诊断蔬菜病害，了解病害的发生原因、侵染循环及其生态环境，掌握危害的时间、部位、危害范围等规律。

一、病害发生的原因

植物在自然界生长的过程中，对外界各种环境的干扰，具有一定的自我适应和调节作用，但当某一因素或某些因素的干扰有害作用超出自我调节的范围时就会引起发病。任何植物病害的形成，植物和致病因素是两个基本要素，蔬菜病害是蔬菜植物与病原在外界环境条件包括气候、土壤、生物和农业措施等影响下相互作用的结果。植物的抗病性影响发病程度，而每种病害都有适宜其发生流行的温湿度条件，耕作制度、种植密度、施肥、灌溉、施用农药等都直接影响菜地的生态环境，昆虫、降雨和风有利于病害的传播。因此，在自然状况下，蔬菜病害的发生过程涉及蔬菜植物、病原和环境因子3个方面，三者相互作用，缺一不可，这三者之间的关系称为“病害三角”或“病害三要素”［图4-1（a）］。随着社会的发展，人类活动直接影响到农业生产，同时也直接影响到植物病害的发生和流行。如新品种的选育、新技术的采用、栽培制度的变更等均可助长或抑制病害的发生发展；种子种苗和农产品的远距离调运，也可导致病害的传播和病区的扩大。因此，植物病害的发生和流行除了涉及“病害三要素”外，还与人类活动社会因素直接相关［图4-1（b）］。

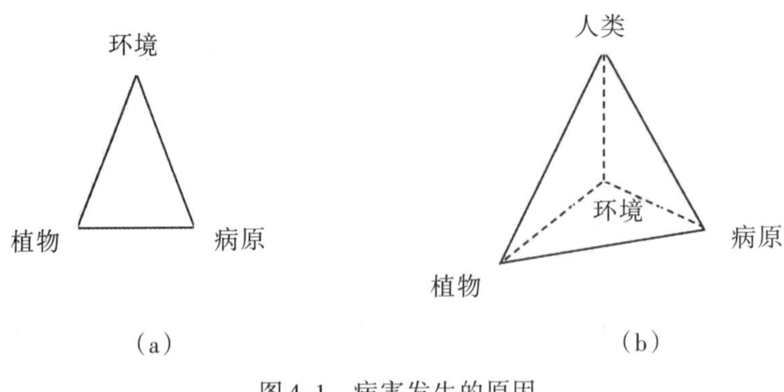

图4-1　病害发生的原因

（a）“病害三角”　（b）人类活动与“病害三要素”

（引自许志刚，1980）

引起植物病害发生的直接因素简称为病原。根据定义，能够引起蔬菜病害的病原种类很多，按其性质不同可分为两大类：一类即非生物性病原，是指引起蔬菜病害的各种不良环境条件，包括各种物理因素与化学因素，如温度过高或过低、水涝与干旱、日照过强或不足、空气中有害气体的存在、营养元素失调或过多、环境污染、农药使用不当造成的药害等。非生物性病原引起非传染性病害，也称非侵染性病害（或生理性病害），如番茄脐腐病、青花菜空心病等。另一类是生物性病原，是指引起蔬菜病害的各种生物，主要有真菌、细菌、病毒、类菌原体、类病毒、卵菌、线虫及寄生性种子植物等。生物性病原引起传染性病害，也称侵染性病害，如黄瓜霜霉病、番茄青枯病等。真菌、细菌、病毒、类菌原体、类病毒、卵菌、线虫及寄生性种子植物也称病原物，其中真菌、细菌、卵菌也称病原菌。各种病原物都不能自养而都来自所依附的植物，也称寄生物；被病原物寄生的植物称作寄主植物，简称寄主。病原物都有寄生性和致病性，寄生性是指病原物从寄主体获得养分的能力；致病性是指病原物对寄主的破坏能力。

虽然侵染性病害和非侵染性病害发生的病原各不相同，但它们之间也存在着非常密切的联系，常常相互影响、相互促进，使蔬菜植株的病害加重。非侵染性病害常常影响蔬菜植株的新陈代谢，降低蔬菜植株对致病微生物的抗病性，从而使蔬菜植株诱发侵染性病害或加重侵染性病害的为害。如大白菜冻害发生后，很容易发生菌核病；黄瓜发生沤根后疫病发生更严重。侵染性病害使植株长势减弱、根吸收功能下降等，会加剧生理性病害的发生。如番茄青枯病发生时，因缺水更易快速枯萎。

二、病害的症状

1. 病状

在蔬菜侵染性病害的形成过程中，必然有一个持续性的病理变化过程，这个过程简称病程。病程是一个动态连续的变化过程。首先是生理机能出现变化，以这种病变为基础，进而出现细胞或组织结构上的不正常改变，最后在蔬菜形态上表现出各种各样的病态，即症状。蔬菜病害的症状包括病状和病征，一般把蔬菜本身的不正常表现称为病状。病状的类型有变色、坏死、腐烂、萎蔫和畸形等。

（1）变色。变色是指蔬菜的局部或全株表现不正常的颜色。原因是蔬菜植株病部细胞内的叶绿素等形成受到抑制或破坏，从而表现不正常的颜色，一般不造成细胞死亡，以叶片变色最为常见。常见的有褪绿、花叶、黄化、红化等变色。叶片因叶绿素均匀减少变为淡绿或黄绿色，称为褪绿。叶绿素形成受抑制或破坏，使整叶均匀发黄，称为黄化。叶片局部细胞的叶绿素减少，叶片颜色深浅不匀，浓绿与淡绿相间，有的还可以使叶片凹凸不平，称为花叶。叶绿素消失后，花青素形成过盛，叶片变紫或变红，称为红叶。

（2）坏死。坏死是指蔬菜细胞和组织死亡，但不解体。常表现为斑点、叶枯、溃疡、疮痂等。斑点是最常见的坏死病状，主要发生在茎、叶、果实等器官上。根据颜色不同，一般分为褐斑、黑斑、灰斑、白斑、黄斑、紫斑、红斑和锈斑等。根据形状不同，一般分为圆斑、角斑、条斑、环斑、轮纹斑和不规则斑等。

（3）腐烂。腐烂是指蔬菜组织的细胞坏死并离解，以致组织溃烂，如根腐、茎腐、果腐和花腐等。根据蔬菜病组织的质地不同，有湿腐（软腐）和干腐之分。一般瓜果、蔬菜等多肉、含水分较多的柔软组织，往往形成湿腐，如白菜软腐病；块根、块茎组织较坚硬、含水分较少，或蔬菜病组织腐烂后很快大量失水，则引起干腐，如马铃薯干腐病。

(4)萎蔫。萎蔫是指蔬菜缺水而使枝叶凋萎下垂。根部和茎部的腐烂都能引起萎蔫，但典型的萎蔫是指蔬菜茎部或根部的维管束组织受害后，大量菌体或病菌分泌的毒素堵塞或破坏导管，使水分运输受阻而引起蔬菜凋萎枯死，如西瓜枯萎病。植物急剧萎蔫死亡而仍保持绿色的称为青枯，如番茄青枯病等。

(5)畸形。蔬菜受病原物侵染后，引起植株或局部器官的细胞数目增多、生长过度或受抑制而呈现畸形。常见的有：植株生长比健株细长，称为徒长；植株节间缩短、分蘖增多，病株比健株矮小，称为矮缩；植株节短分枝多、叶片变小，称为丛枝；根、茎或叶上形成突起的增生组织，称为瘤肿。

2. 病征

病征是指病原物在蔬菜植株受害部位表面形成的一些可见的病原物结构或其他特征，是鉴别病原和诊断病害的重要依据之一。有的蔬菜病害病状明显，有的蔬菜病害病征明显。通常病状较容易发现，而病征往往只在病害发展过程中的某一阶段才表现出来。有些病害如生理性病害和病毒病害等，不表现病征。病征主要有粉状物、霉状物、点状物、颗粒状物和脓状物5种类型。

(1)粉状物。病征呈粉状，可以直接生于植物表面，也可在植物表皮下及组织中产生，以后破裂而散出。常见的有锈粉、白粉、黑粉和白锈等。锈粉：初期于植物表皮下形成黄色、褐色或棕色疱斑，破裂后散出铁锈状粉末，如豇豆锈病、菜豆锈病等。白粉：多在得病植物叶片正面表生大量灰白色粉末状物，如黄瓜白粉病、瓠瓜白粉病等。黑粉：于植物病部形成菌瘿，瘿内充满大量黑色粉末状物，如慈菇黑粉病等。白锈：先在得病植物的表皮下形成白色脓疱状斑，破裂后散出灰白色粉末，称为白锈，如十字花科白锈病等。

(2)霉状物。霉状物是由病原真菌的菌丝、各种孢子梗和孢子在植物表面形成的肉眼可见的特征。根据霉层的着生部位、质地、颜色等可以分为霜霉、绵霉、灰霉等。霜霉：多于病叶背面，生出白色至紫灰色形似短绒的霉状物，如黄瓜霜霉病、白菜霜霉病等。绵霉：于植物病部着生大量的白色、疏松棉絮状物，如茄绵疫病等。其他霉层：植物任何发病部位都可呈现的霉状物，并具有各种色泽，分别称为灰霉、绿霉、黑霉、赤霉等，如番茄灰霉病等。

(3)点状物。在病斑上产生的颜色、大小、色泽及着生情况各异的点状的结构。有的是针尖大小的黑色或褐色小粒点，不易与寄主组织分离，它们多是病原真菌的繁殖机构，如分生孢子器、分生孢子盘、子囊壳、闭囊壳或子囊座等；点状物一般颜色较深，常见于后期的病斑。很多病害早期在病斑上产生霉状物或粉状物，后期在病斑上产生点状物，如白粉病等。有时点状物的排列可以是有规则的，如轮纹状分布。

(4)颗粒状物。颗粒状物主要是病原真菌的菌核等，是真菌菌体所组成的一种特殊结构。其形态、大小差别很大，一般体积比点状物大，有的似鼠粪状，有的呈菜籽状等，多数呈黑褐色，着生于植物受害部位或病残体上，如青花菜菌核病、菜豆白绢病等。

(5)脓状物。在潮湿条件下,大部分细菌性病害可在植物感病部位溢出含有菌体的脓状黏液,一般呈露珠状,或散布在病部表面成为菌液层。空气干燥时,脓状物风干后呈胶状,如番茄青枯病、白菜软腐病等。

三、病害的诊断与识别

准确的病害诊断是认识病害和防治病害的前提。有时由于缺乏全面的专业知识和诊断仪器,很难准确鉴定蔬菜病害的种类及诊断发病原因,在病害的变异症状或外界因素的干扰下,容易引起误诊,导致错用或乱用化学农药等的问题。

在蔬菜病害的诊断过程中,首先需要分清属于何种类型的病害,然后才能正确地确定是某种病害。有无一个变化的病程,是区别侵染性病害与非侵染性病害的关键。在病害诊断中常根据症状特点进行区分。

蔬菜非侵染性病害的田间分布大多是大面积或全田普遍发生,成片、成块分布,常与气候、地形、土壤类型及土质、肥、水、施药、废气、废液等有一定关系,没有发病中心,相邻植株的病情差异不大,不会相互传染,不具传染性;相邻植株间没有病健交错现象,其发病时间相对一致,病情的发展很快稳定,有突然发生的感觉,附近不同作物、杂草也会表现出不同程度的类似病状。

蔬菜侵染性病害是由真菌、细菌、病毒、卵菌、线虫、寄生性种子植物等侵染引起,其发病时间、病斑和病情的发展均表现出循序渐进的过程,存在发病中心,相邻植株的病情是会相互传染的,即发病植株会将自身的病害传染到附近健康的植株上;但相邻植株的病情有较大的差异,田间存在着病健交错现象。

蔬菜真菌性病害的病菌可通过蔬菜植株的伤口和自然孔口(如气孔、水孔、皮孔等)侵入蔬菜寄主,也可通过表皮直接侵入蔬菜寄主,因此,蔬菜真菌性病害在蔬菜各个部位(根、茎、花、叶、果实)都可发生。蔬菜上常见的真菌病害约有400种。蔬菜真菌性病害在蔬菜植株的茎、叶、花、果上产生各种各样的局部病斑最为常见,如斑点、枯焦、炭疽、溃疡等;其次是凋萎、腐烂或畸形等;病部中后期或气候潮湿(如早晨、阴雨天等)时,病斑上有霉状物、粉状物、颗粒状物等病征出现。

蔬菜细菌性病害的病原细菌常通过蔬菜植株的自然孔口和伤口侵入寄主。蔬菜细菌性病害以角斑、腐烂、枯萎等类型最为常见;病部多呈水渍状,在气候潮湿(如早晨、阴雨天等)时,病斑上有菌脓病征出现;腐烂组织常黏滑并有恶臭,枯萎组织的切口常泌出混浊液。

蔬菜病毒病以葫芦科、茄科、豆科、十字花科蔬菜受害较重。病毒只能通过蔬菜植株的微伤口侵入寄主,通过机械、介体或人为传播。及时防治介体昆虫和加强栽培管理,是防治病毒病的最有效途径。蔬菜病毒病多数是系统性病害,初发时常从植株个别叶片或枝条上开始发生,再扩展至整株,症状表现为花叶、黄化、枯斑、矮缩、簇生、畸形等;此外,在高温条件下,有些病毒病会发生隐症现象,病部外表不显露病症。

蔬菜线虫病多数是全株呈现出营养不良,长势衰弱,植株较矮小,叶片均匀发黄;观察根部,须根多,形成许多瘿瘤。

寄生性种子植物由于根系或叶片退化或缺乏足够的叶绿素而营寄生生活。全寄生如列当和菟丝子等,半寄生如桑寄生和槲寄生等。

蔬菜病害的发生是蔬菜、病原和环境条件相互作用的最终结果,所以进行蔬菜病害的一般性诊断多需要诊断者到发病环境进行田间调查。田间调查的主要任务是详细观察记录蔬菜植株个体及群体的症状及发病情况、有关的环境条件(土壤、气候等)和栽培管理措施,同时采集有代表性的发病蔬菜植株标本,带回实验室做进一步的病害种类诊断。蔬菜病害的田间症状表现往往是比较复杂的,不是一成不变的,而是受到寄主和环境因素的影响。寄主的抗病性不同、温湿度不同、发生部位不同,相同病害的症状表现存在一定的区别。在病害诊断时要特别注意:①有些不同的蔬菜病害常常表现相同或相近的症状,如细菌和真菌侵染后都可能引起蔬菜植株的萎蔫,而某些地下害虫、脱水也能导致蔬菜植株的萎蔫症状;又如蔬菜植株或其叶片的黄化可能由细菌、真菌、病毒、昆虫或生理因素等所致。②同一种病害在不同的蔬菜或同种蔬菜的不同生育期可能表现不同的症状,如番茄青枯病和黄瓜疫病等都有多种不同的症状类型。③蔬菜病害的症状有一个发生发展的过程,在病害发展的不同阶段其症状也不相同。④一种病害的症状可能因环境条件的改变而变化,如真菌病害在潮湿条件下可能产生大量的霉层,而在干燥条件下则不易产生霉层;又如有的病毒病在较高气温条件下具有隐症现象。由此可以看出,病症的稳定性是相对的,在病害诊断鉴定中还要注意病害症状的变异性。因此,病害的诊断需要有较强的技术性和专业性。

四、侵染性病害的侵染循环

蔬菜病害的侵染循环是指病害从蔬菜前一个生长季节开始发病,到下一个生长季节再度开始发病的全部过程,即病害发生发展的周年循环,包括病害的活动期和休止期。病害侵染循环是病害防治中的一个重要问题,因为蔬菜病害的防治措施主要是根据侵染循环的特点拟定的。只有探明侵染循环的特点,抓住其中的薄弱环节,才能经济有效地防治病害。侵染循环一般包括以下几个环节:病原物的越冬和越夏、初侵染和再侵染以及病原物的传播。

蔬菜病原物的越冬和越夏场所,一般也是其初次侵染的来源。病原物越冬和越夏期间处于休眠状态,这是其侵染循环中最薄弱的环节,加之潜育场所比较固定集中,较易控制和消灭。越冬以后的病原物,在蔬菜开始生长发育后进行的第一次侵染,称为初侵染。在同一个生长季节中,初侵染以后发生的各次侵染,称为再侵染。大多数蔬菜病害都有再侵染,这类病害潜育期较短,如果条件有利,常常通过连续不断的再侵染,发展蔓延扩大危害,引起病害的流行,如瓜类白粉病、番茄叶霉病等。侵染性病害病源的传播是侵染循环各个环节联系的纽带。它包括从有病部位的植株传到无病部位的植株,从有病地区传到无病地区。通过传播,蔬菜病害得以扩展蔓延和流行。因此,了解病害的传播途径和条件,设法杜绝传播,可以中断侵染循环,控制病害的发生与流行。蔬菜病害可通过空气、水、土壤、生物及种子传播,具体可分为气流传播、雨水传播、媒介传播和人为传播。

第二节 设施栽培蔬菜虫害的类型与识别

蔬菜作物的害虫很多，其中以昆虫占绝大多数。我们将危害蔬菜的昆虫、螨类和软体动物等统称为蔬菜害虫。我国已知的蔬菜害虫约400种。害虫危害蔬菜后，不仅直接造成蔬菜减产，影响蔬菜的品质，降低商品价值，而且一些蔬菜害虫还可传播植物病害，造成严重的间接危害。

一、昆虫的形态与生物学特性

昆虫的主要特征是身体分头、胸、腹3段；胸部有足3对，翅2对；头部有触角1对，复眼1对及单眼若干个。昆虫发育由卵开始，孵化后变为幼虫，多数幼虫还须再经过蛹，然后变为成虫。昆虫中很多是取食蔬菜的害虫，但也有不少是益虫。我们要防治害虫，利用和保护益虫。

1. 昆虫的变态

昆虫大多数是雌雄异体，系有性生殖，即雌雄交配后，受精卵产出体外，然后发育成新个体。也有一些种类不需经雌雄交配，卵不经过受精就能发育成新个体，称为孤雌生殖。昆虫种类多，数量大，大部分昆虫是卵生的。昆虫从卵孵化后，在生长发育过程中，从外部形态和内部器官构造都出现一系列的变化，称为变态。其变态过程依类群而异，在为害蔬菜的害虫中，可归纳为完全变态和不完全变态两大类。昆虫典型的变态过程一生中经过卵、幼虫、蛹、成虫4个阶段，称为完全变态。幼虫的外部形态和生活习性与成虫有很大差别，蛹一般不能活动，如鳞翅目、鞘翅目、双翅目害虫基本上为完全变态。昆虫一生只经过卵、幼虫、成虫3个阶段，称为不完全变态。不完全变态的幼虫称若虫，其外部形态和生活习性一般均与成虫相似，不同之处在于体躯较小、翅未成长、性器官尚未发育完全。

2. 昆虫的发育

幼虫从卵壳中出来的过程称为孵化；从成虫产卵到卵孵化为幼虫所经过的时间称为卵期；从初孵幼虫到化蛹所经过的时间称为幼虫期，幼虫期要大量取食蔬菜，是严重为害期；从初孵若虫变为成虫所经过的时间称为若虫期。幼虫在发育过程中要经过几次脱皮才能长大，刚孵化的幼虫叫作1龄幼虫，脱一次皮的叫作2龄幼虫，脱二次皮的叫作3龄幼虫，依次类推，脱皮次数多为4~6次；两次脱皮之间的间隔时间叫作龄期；幼虫最后一次脱皮后，变成不食不动的状态，叫化蛹；蛹经过发育，脱壳变成成虫，成虫突破蛹壳出来的过程叫羽化；从成虫羽化到死亡，叫成虫期。

3. 昆虫的世代

昆虫从卵发育到成虫性成熟产生后代的历程称作一个世代，即一代。昆虫在一年

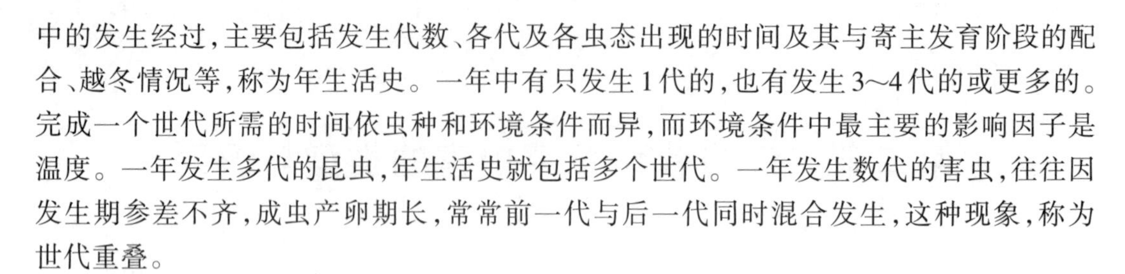

中的发生经过，主要包括发生代数、各代及各虫态出现的时间及其与寄主发育阶段的配合、越冬情况等，称为年生活史。一年中有只发生1代的，也有发生3~4代的或更多的。完成一个世代所需的时间依虫种和环境条件而异，而环境条件中最主要的影响因子是温度。一年发生多代的昆虫，年生活史就包括多个世代。一年发生数代的害虫，往往因发生期参差不齐，成虫产卵期长，常常前一代与后一代同时混合发生，这种现象，称为世代重叠。

4. 昆虫的习性

不同种类的昆虫，生活习性也不同。

（1）昼夜节律。绝大多数昆虫飞翔、取食、交配活动等都有昼夜节律。如蝶类成虫白天交尾、产卵，大多数蛾类夜间交尾、产卵；许多夜蛾的幼虫往往昼伏夜出。

（2）食性。害虫都有一定的食料范围，称为食性。被取食的植物称为寄主植物。根据害虫寄主植物的范围可将其分为：仅取食1种蔬菜植物的害虫，称为单食性害虫；仅取食1个科或近缘几科的若干种蔬菜植物的害虫，称为寡食性害虫；可取食不同科的许多种蔬菜植物的害虫，称为多食性害虫或杂食性害虫。

（3）趋性。主要分为趋光性和趋化性。飞灯扑火，趋向光源的反应行为，称为趋光性。夜出活动的夜峨、甲虫等，具有趋光性。昆虫可以见到人眼见不到的紫外光，因此利用黑光灯诱虫，往往效果比白炽灯更好。对化学物质的刺激所产生的反应行为，称为趋化性，如小地老虎、斜纹夜蛾等对糖醋气味有很强的趋性。

（4）假死性。有些蔬菜害虫，当受到外界震动，就会掉到地上，一动也不动，这种现象称为假死性，如金龟子等。

（5）群集性。有些蔬菜害虫，其刚孵化的低龄幼虫，常常集居在一起。

（6）产卵习性。害虫对产卵植物和部位有选择性，有些种产在植株的茎、叶、花上，有些种产在植物组织内，有些种则产在植物周围的土壤中。产卵方式有散产、块产。散产方式中，多数种一次产一至数粒或十几粒不等，也有一次只产一粒的。块产方式中，往往将卵粒呈2~3层重叠，并盖有雌虫的鳞毛。

（7）休眠。有些蔬菜害虫，在发育过程中，为抵抗严寒和酷暑，暂时停止发育，不食不动，称为休眠。以休眠状态度过冬季或夏季的称为越冬或越夏。

二、害虫的类型与识别

蔬菜害虫根据不同的划分标准可以分成不同的类型，根据蔬菜生产的时间可分为蔬菜生长期害虫和蔬菜采后储藏期害虫，如蚜虫、瓜绢螟等为生长期害虫，豆象甲等为采后储藏期害虫；根据蔬菜害虫在植株上的为害部位可分为地下害虫和地上害虫，如地老虎、蛴螬等为地下害虫，蚜虫、小菜蛾等为地上害虫；根据蔬菜害虫取食特性可分为取食固体食物的咀嚼类口器害虫和取食液体食物的刺吸类口器害虫，如斜纹夜蛾等为咀嚼类口器害虫，烟粉虱、蚜虫等为刺吸类口器害虫；根据害虫为害的蔬菜可分为十字花科蔬菜害虫和茄科蔬菜害虫等，如小菜蛾等为十字花科蔬菜害虫，茄螟、茄二十八星瓢虫等为茄科蔬菜害虫；根据动物分类学原理可分为昆虫、螨类和软体动物，如蚜虫、潜叶蝇等为昆虫，茶黄螨、朱砂叶螨等为螨类，同型巴蜗牛、野蛞蝓等为软体动物。在昆虫中，又可根据形态特征归属到不同的目、科。

下面介绍几种依据动物分类学原理分类的蔬菜主要害虫：

(1)鳞翅目害虫。成虫通称蛾或蝶，幼虫通称为青虫、毛毛虫等。以幼虫咬食作物的根、茎、叶，成虫蛀食花、果实为害，是蔬菜害虫的一个主要类群，如小地老虎、斜纹夜蛾等。

(2)同翅目害虫。口器刺吸式。成虫个体一般较小，前翅质地一致，为膜质或革质。若虫、成虫常群集在植株叶片和嫩茎上吸吮汁液，并能传播蔬菜病毒病，是蔬菜害虫中的另一个主要类群，如桃蚜、烟粉虱等。

(3)鞘翅目害虫。成虫通称为甲虫，幼虫通称为蛴螬。以幼虫在地下取食根或块茎，成虫取食叶片为害；也有以幼虫蛀食种子为害的，如黄曲条跳甲、蚕豆象等。

(4)双翅目害虫。成虫通称为蝇、蚊等。为害蔬菜的主要是蝇，其幼虫通称为蛆，以幼虫取食植株根部或潜入叶肉等组织为害，如菠菜潜叶蝇等。

(5)缨翅目害虫。通称为蓟马。若虫、成虫以锉吸式口器锉破植物表皮，吮吸汁液，如棕榈蓟等。

(6)螨类。蔬菜上为害的主要是叶螨。尤其是茄科和葫芦科蔬菜上，叶螨常为一类主要害虫。常以幼螨、若螨、成螨群集在植物叶片上，刺吸汁液为害，如茶黄螨、红蜘蛛等。

(7)软体动物。主要是蜗牛和蛞蝓。以幼贝、成贝用齿舌刮食植物叶、茎或咬断幼苗为害。常见的有灰巴蜗牛、同型巴蜗牛。

第三节　设施栽培蔬菜主要病虫害的综合防治措施

一、防治原则

人类农业的发展历史也是人类与各种自然灾害斗争的历史，病虫害是这些自然灾害中重要的一部分。“相生相克”，蔬菜作物也毫无例外地都会发生病虫害。在蔬菜病虫害防治中，应贯彻“预防为主，综合治理”的方针，充分了解各种防治措施(如农业防治、物理防治、生物防治和化学防治等)的特点，综合地协调应用各种必要的手段，并充分发挥各种防治措施的综合效应，把病虫害控制在经济阈值允许的范围内。

优先使用农业、物理、生物和生态等防治措施，尽量减少化学防治，保护产地的生态环境，形成优良的生态循环系统，提高经济效益和生态效益。

蔬菜病虫害防治的途径包括植物检疫、农业防治、物理防治、生物防治和化学防治等几个方面。

二、防治方法

1. 植物检疫

植物检疫是国家保护农业生产的重要措施之一。它由国家颁布法令，对从国外进口和国内出口，以及在国内地区之间调运的植物和植物产品，特别是种子、苗木、繁殖材料进行检验，防止危险性有害生物传播蔓延；将在局部地区已经发生的危险性有害生物封锁在一定范围，不让它传播到尚未发生的地区。这项措施可以及时预防危险性病虫害等新的有害生物的传入和扩散，尤其是从外地引进蔬菜种子或秧苗等时，要主动和当地的植物检疫部门联系，了解调入的蔬菜种子或秧苗等有无植物检疫的对象及疫情，不从疫区调运蔬菜种子或秧苗等，必要时应加强对调入的蔬菜种子或秧苗等进行检疫和消毒处理。

2. 农业防治

农业防治是蔬菜生产中病虫害防治的首选技术。农业防治主要是通过加强或改进栽培技术措施，创造有利于农作物生长发育而不利于病虫害发生的环境条件，使蔬菜生长健壮，增强蔬菜植株的抗逆性，直接或间接地消灭或抑制病虫害的发生和为害。同时，消除病虫害发生的条件或直接消除病虫侵染源，减轻病害发生程度。其主要措施有：

（1）选用抗病虫品种和无病虫种子。选用优质高产的抗病虫品种是防治病虫害最经济有效的方法。根据本地区蔬菜病虫害的发生情况，选择适应本地区的抗病虫性强的品种或品系，防止病虫害的发生，减少或不用农药，以避免农药的使用，保护生态环境。在种子播种时进行晒种，并挑选无病虫种子进行播种；在生产中大力培育无病虫种子，种子播种前进行选种和种子处理，可有效减少病害发生，确保稳产高效。

（2）实行轮作和土壤处理。蔬菜栽培时，应因地制宜地实行轮作，尽量避免重茬。有条件的地方可实行水旱轮作，如一茬水稻或水生蔬菜，一茬蔬菜。也可与互不传染病虫害的作物进行轮作，如葱、蒜作物的轮作，葱、蒜作物的根系能分泌出抗菌物质，抑制蔬菜土传病害的发生。如果不能实行轮作，也可进行土壤处理。如冬季农闲时节，将土壤深耕并灌水浸渍，来年春耕时种植蔬菜。

（3）科学施肥。施肥与蔬菜的健康生长密切相关，蔬菜生长健壮则抗病虫害能力就好。因此，提倡使用有机肥和配方施肥，增施磷、钾肥和含有中微量元素的微肥，提高蔬菜植株的抗病性。要增强土壤的通透性，改善土壤的微生物群落，提高有益微生物群落的数量，确保蔬菜健壮生长。

（4）合理灌水。蔬菜病害的发生与水分关系极大，往往田间湿度越大，病害发生越严重。因此，蔬菜田间应深挖避水沟，大雨过后应注意及时排水，防止内涝或渍水，以免影响蔬菜正常生长，降低蔬菜植株抗性，诱发根部病害。高温干旱季节，在傍晚阴凉时，在畦沟中灌溉适量的“跑马水”，可促进蔬菜健壮生长，并避免蔬菜干旱枯萎。合理密植、通风透光也是降低田间湿度、减少病害发生的重要措施。

（5）清洁田园。应及时拔除病株，清除发病中心。当蔬菜收获时，及时清理植株残体和落叶并集中销毁，或深耕深翻，能消灭大量田间的病菌和害虫，大大减少下一茬蔬菜病虫害发生的基数，减少病虫害的传播与危害。

3. 物理防治

物理防治是利用各种物理、机械的方法防治病虫害，是蔬菜病虫害综合治理的重要内容。物理防治简便、有效，且对环境友好。

（1）糖醋液诱杀。利用害虫的趋化性诱杀害虫，将配制好的糖醋液放入广口容器中，挂在离地面50～60cm地方，诱杀蔬菜的鳞翅目、鞘翅目害虫，如尺蠖、蛴螬等。糖醋液的配制比例为糖∶醋∶酒∶水为3∶6∶1∶10，放置时间由害虫发生规律而定。一般4月上旬就开始放置。

（2）杀虫灯或黑光灯诱杀。利用大部分鳞翅目、鞘翅目害虫的趋光性和趋波性，在每年的蔬菜生长季节（一般为4月上旬）开始放置杀虫灯或黑光灯，诱杀蔬菜的鳞翅目、鞘翅目害虫，如尺蠖、蛴螬等。

（3）蔬菜生长过程中也可用反光膜、防虫网等防治蚜虫等害虫，同时也防治了病毒病的发生；也可利用热力处理法处理种子或土壤防治病虫害。

4. 生物防治

生物防治是指利用自然界中有益生物或生物代谢产物控制病虫害为害，从而防治蔬菜病虫害的一种方法。生物防治是利用生物种内和种间的联系，通过生物、次生代谢产物，使自然界生物间相互作用的平衡朝着有利于人类的方向发展。生物防治的基本方法有：

（1）以菌治虫。以菌治虫是利用害虫的病原微生物来杀死害虫，这些微生物包括真菌、细菌、病毒等。真菌制剂主要有白僵菌制剂和绿僵菌制剂，细菌制剂主要有苏云金杆菌、杀螟杆菌、青虫菌等制剂。昆虫病毒能在昆虫体内从一个细胞进入另一个细胞，或从一个个体进入另一个个体进行水平传播，也能由母体传给子代进行垂直传播，以昆虫为宿主，从而使昆虫发生流行病，达到控制虫害的目的。它们对人畜无不良影响，使用安全，无残留毒性，害虫对病原微生物不会产生抗药性；而且，利用这种防治方法具有生产快、用量少、简便且不受作物生长期限制等优点。在生产中，根据害虫在田间死亡的症状，采集感病昆虫，研磨后，用纱布过滤，兑水喷雾，防治害虫效果良好。

（2）以虫治虫。以虫治虫是利用对人类有益的捕食性昆虫和寄生性昆虫进行害虫防治的一种方法。建立一个相对稳定的菜园生态系统，为天敌提供良好的栖息地和生态环境，使之能够自然繁衍生息，大量发生，增加天敌的数量，充分发挥其控制害虫的作用。如七星瓢虫捕食蚜虫。

（3）以菌防病和利用抗生素防治病虫害。生物防治方法是利用微生物之间的拮抗作用、竞争作用、重寄生作用、溶菌作用、交互保护作用、捕食作用等，抑制病原微生物的生长发育，或杀死病原微生物。目前，在生产上大面积推广应用的防治植物病虫害的拮抗菌制剂主要有木霉菌制剂、芽孢杆菌制剂；抗生素制剂主要有多抗霉素、农抗120、阿维菌素、浏阳霉素等。这些抗生素制剂在防治害虫时使用浓度低，杀虫效果好；选择性强,对益虫安全;降解快,残留少。例如,阿维菌素乳油防治蚜虫、螨类,防治效果可达90%~100%;浏阳霉素乳油对螨类的防治效果可达85%~90%。

目前,生物防治的优点日益受到人们的重视。

5. 化学防治

化学防治在植物有害生物综合治理中,是一项最重要的辅助措施,也是最简便、作用最迅速、效果最显著的病虫害防治方法;但相对有污染风险,应选择高效、低毒、低残留的农药。使用农药时应注意的事项有:严格执行农药的使用准则,优先采用低毒、低残留或无污染的农药,有节制地选择使用中等毒性农药;科学使用农药,对症下药,统防统治,掌握喷施时间和浓度,交替使用农药,保证农药喷施质量;注意安全间隔期限,确保产品的安全性,依据病虫测报科学使用农药,病虫害发生时,能选用其他无污染的防治方法时,尽量不用化学防治方法。

参 考 文 献

陈贵林. 2005. 蔬菜嫁接育苗彩色图说[M]. 北京:中国农业出版社.
陈延熙. 1981. 植物病害的发生和防治[M]. 北京:农业出版社.
程智慧. 2010. 蔬菜栽培学总论[M]. 北京:科学出版社.
华南农学院,河北农业大学. 1980. 植物病理学[M]. 北京:农业出版社.
农业部种植业管理司. 2010. 蔬菜标准园生产技术[M]. 北京:中国农业出版社.
阮维斌. 1994. 根际微生态系统理论在连作障碍中的应用[J]. 中国农业科技导报,1(4):26.
绍兴市农业局. 2005. 绍兴市现代农业实用技术(蔬菜分册)[M]. 杭州:浙江大学出版社.
许志刚. 1980. 普通植物病理学[M]. 3版. 北京:农业出版社.
薛金国. 2007. 植物病害防治原理与实践[M]. 郑州:中原农民出版社.
伊建平,贺杰,单长卷. 2012. 常见植物病害防治原理与诊治[M]. 北京:中国农业大学出版社.
张福墁. 2010. 设施园艺学[M]. 2版. 北京:中国农业大学出版社.
赵建阳. 2008. 蔬菜标准化生产技术[M]. 杭州:浙江科学技术出版社.